《中国大百科全书》普及版

QIXIANGWANQIAN TANSUOTIANQIDEAOMI

气象万千

探索天气的奥秘 【大气科学卷】

中国大百科全书出版社

图书在版编目（CIP）数据

气象万千：探索天气的奥秘／《中国大百科全书：普及版》编委会编.—北京：中国大百科全书出版社，2013.8
（中国大百科全书：普及版）
ISBN 978-7-5000-9221-6

I.①气… II.①中… III.①气象学–普及读物 IV.①P4-49

中国版本图书馆CIP数据核字（2013）第180589号

总 策 划：刘晓东　陈义望
策划编辑：王　杨
责任编辑：王　杨　徐世新
装帧设计：童行侃
出版发行：中国大百科全书出版社
地　　址：北京阜成门北大街17号　　邮编：100037
网　　址：http：//www.ecph.com.cn　　Tel：010-88390718
图文制作：北京华艺创世印刷设计有限公司
印　　刷：天津泰宇印务有限公司
字　　数：75千字
印　　张：7.5
开　　本：720×1020　1/16
版　　次：2013年10月第1版
印　　次：2018年12月第4次印刷
书　　号：ISBN 978-7-5000-9221-6
定　　价：25.00元

《中国大百科全书》是国家重点文化工程，是代表国家最高科学文化水平的权威工具书。全书的编纂工作一直得到党中央国务院的高度重视和支持，先后有三万多名各学科各领域最具代表性的科学家、专家学者参与其中。1993年按学科分卷出版完成了第一版，结束了中国没有百科全书的历史；2009年按条目汉语拼音顺序出版第二版，是中国第一部在编排方式上符合国际惯例的大型现代综合性百科全书。

《中国大百科全书》承担着弘扬中华文化、普及科学文化知识的重任。在人们的固有观念里，百科全书是一种用于查检知识和事实资料的工具书，但作为汲取知识的途径，百科全书的阅读功能却被大多数人所忽略。为了充分发挥《中国大百科全书》的功能，尤其是普及科学文化知识的功能，中国大百科全书出版社以系列丛书的方式推出了面向大众的《中国大百科全书》普及版。

《中国大百科全书》普及版为实现大众化和普及化的目标，在学科内容上，选取与大众学习、工作、生活密切相关的学科或知识领域，如文学、历史、艺术、科技等；在条目的选取上，侧重于学科或知识领域的基础性、实用性条目；在编纂方法上，为增加可读性，以章节形式整编条目内容，对过专、过深的内容进行删减、改编；在装帧形式上，在保持百科全书基本风格的基础上，封面和版式设计更加注重大众的阅读习惯。因此，普及版在充分体现知识性、准确性、权威性的前提下，增加了可读性，使其兼具工具书查检功能和大众读物的阅读功能，读者可以尽享阅读带来的愉悦。

百科全书被誉为“没有围墙的大学”，是覆盖人类社会各学科或知识领域的知识海洋。有人曾说过：“多则价谦，万物皆然，唯独知识例外。知识越丰富，则价值就越昂贵。”而知识重在积累，古语有云：“不积跬步，无以至千里；不积小流，无以成江海。”希望通过《中国大百科全书》普及版的出版，让百科全书走进千家万户，切实实现普及科学文化知识，提高民族素质的社会功能。

2013 年 6 月

目录

第一章　天为什么会下雨

[一、寒潮]

大规模极地冷空气向南爆发，侵袭中、低纬度地区的强冷空气活动过程。寒潮表现为剧烈的降温，并伴有冻害、雨雪和大风。春季的寒潮还容易引发沙尘暴。这些均会影响工、农业生产和交通运输，给国民经济造成重大危害。

中国气象部门规定，凡 24 小时降温 ≥ 10℃，日最低气温 ≤ 5℃的强冷空气活动称为寒潮。西北部分省区，根据当地的地理气候状况，对寒潮的标准略有不同，但均是从 24 小时降温和日最低气温这两项入手定义的。影响中国的寒潮主要发生在 11 月至次年的 4 月。

源地和路径　侵袭中国的冷空气发源于北冰洋、鄂霍次克海、西伯利亚地区和蒙古一带。这些地区的冬半年极为寒冷，形成强大的冷气团后，常能停留一段时间，酝酿加强，然后在适当的天气形势下爆发南下。寒潮是大尺度的大气运动现象。在低层大气中，它表现为冷性高压系统在高纬度发展加强，然后迅速向低纬度移动，最后入海逐渐变性消失的过程。冷高压的强弱标志着冷空气的强弱，

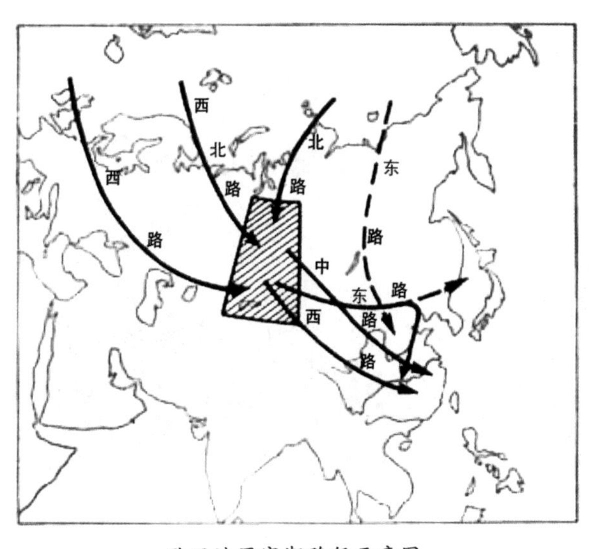

欧亚地区寒潮路径示意图

冷高压移动的方向大致反映寒潮的路径。冷空气侵入中国的路径有4条：①西路。冷空气由北纬50°以南，基本上自西向东进入新疆。②西北路。冷空气自新地岛以西洋面经白海、西伯利亚西部进入新疆。③北路。冷空气自新地岛以东洋面，经泰米尔半岛、西伯利亚中部、蒙古进入中国。④东路。冷空气自鄂霍次克海及西伯利亚东部，向西南方向经中国东北后南下。冷空气进入中国后，以河套地区（图中阴影区，影响中国的冷空气有95%都要经过这地区，又称为关键地区）为界，又分西路、中路和东路3条路径。不同路径的寒潮，其强度和影响时的天气等均有很大差异。

天气形势 寒潮的酝酿和爆发，往往与一定的高空天气形势有关。寒潮爆发侵袭中国的高空天气形势一般可分为3种类型：经向型（又称小槽发展型）、纬向型（又称大槽东移型）和横槽转竖型（又称阻塞高压型）。3种类型中以经向型最多，横槽转竖型次之，纬向型最少。

①经向型。大致可分为3个发展阶段：第一，乌拉尔山高压脊形成；第二，欧亚大陆西北部出现不稳定小槽，并发展和东移至西伯利亚西部地区；第三，小槽不断东移，发展成长波槽并移至东亚沿岸，替代原有的东亚大槽，导致寒潮爆发。此型的冷空气源地多在欧亚大陆西北部，并多取西北路径侵入中国。

②纬向型。起先由位于东欧的稳定的长波槽转变为移动性低压槽，然后在它东移的过程中由于冷平流加强而加深发展（它后部的高压脊也因暖平流加强而发展），当发展了的低压槽移至东亚沿岸取代原有东亚大槽时，寒潮随即爆发。此

型冷空气源地偏西、偏南，多取西路侵入中国。

③横槽转竖型。寒潮爆发前，乌拉尔山地区为一阻塞高压（或东北—西南向的高压脊），在其西南方为一准东西向的横槽，一旦槽后有不稳定小槽出现，促使阻塞高压崩溃，东西向的横槽转变为南北向的竖槽，冷空气便爆发南下。此型冷空气源地偏东，距中国较近，往往突然爆发，势力较强。

以上 3 类高空天气形势，虽然发展的过程不同，但都在东亚沿岸建立东亚大槽，这是形成中国寒潮天气过程的主要高空天气形势。槽后的西北气流不断将冷空气向南输送，且引导了地面天气图上的冷高压系统。冷高压的强弱，标志着寒潮冷空气的强弱；冷高压移动的方向，可大致反映寒潮的路径；高压前沿的冷锋，是寒潮的前锋。

影响地区与频率 在中国，由寒潮所引起的降温分布受地形的影响很大。1955 年秋季至 1975 年春季，青藏高原及其周围边缘地区受寒潮的影响较弱，尤其是高原东南部背风坡，过程降温值平均仅 4 ～ 6℃，而青藏高原外围较远的北面、东面和东南面所受的影响都较强；位于太行山东侧、燕山南侧平原上的北京、保定、石家庄一带，降温明显偏小。一般而言，寒潮对北方的影响强于南方，西北、华北、东北的北部是受寒潮影响较强的地区，过程降温值平均 12 ～ 14℃；但江南的南部到华南北部的南岭一带，寒潮降温却达到和三北（西北、华北、东北）北部相同的强度，平均为 12 ～ 13℃，1955 年秋季至 1975 年春季降温最大的一次，南岭一带甚至比北方还强，达 25℃。

平均而言，中国每年出现寒潮的次数约为 6 次，但各年差异很大。影响中国的寒潮主要出现在 11 月至翌年 4 月，9 月和 5 月很少。各月出现寒潮的总次数，以 11 月最多，平均每年有一次。夏季不能形成寒潮。

后果 寒潮的侵袭，往往在不同地区造成不同程度的灾害。急剧的降温往往带来冻害、低温冷害，尤其在中国南方，常使越冬作物及耕牛冻死；寒潮影响到南岭以南，又使热带经济作物遭受严重的、甚至毁灭性的灾害。寒潮带来的秋季早霜冻、春季晚霜冻对农业生产危害亦很大，春季寒潮容易造成倒春寒。寒潮地面冷高压南下常常造成大范围大风，陆上最大风力有时达 10 级左右，海上则超过 10 级。大风常吹翻船只，房屋、通信设备等遭破坏，而以渤海的风暴潮危害更大。

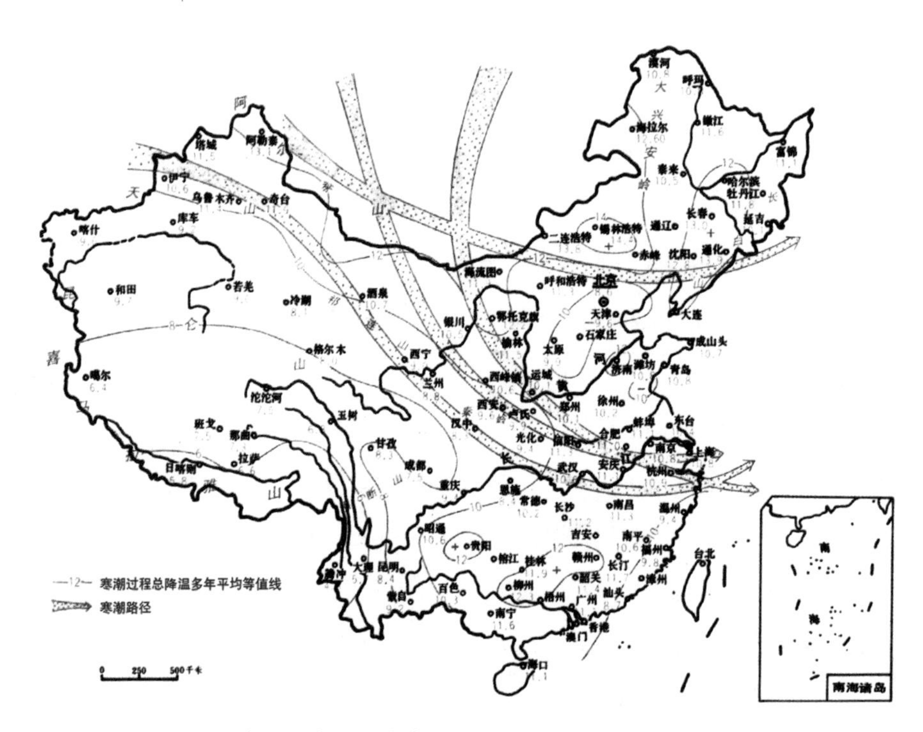

中国寒潮过程总降温平均分布（单位：℃）

寒潮袭击并伴有暴风雪时，对北方广大牧区的放牧威胁严重。有时寒潮伴有大范围大雪或局部暴雨；在寒潮冷锋附近或寒潮过后低温持续时间内，在黄河以南地区可能会出现冻雨（又名雨淞），给交通、通讯、工业等带来很大灾害。

由于地形作用及海陆分布的热力影响，冬季在欧亚大陆东岸形成大气对流层中稳定而强大的东亚大槽（低气压槽），中国正位于槽后，强的西北气流常引导低层高纬冷空气由西伯利亚南下入侵中国，而冬季的西伯利亚是北半球最寒冷的陆地。因此，侵入中国的冷空气常常很强，其中多已达到寒潮的强度，使中国冬季成为北半球同纬度最冷地区。

[二、暴雨]

降雨的强度和数量均很大的降水。单位时间的降雨量称降雨强度。暴雨的定量标准各地并不一致，视具体情况而定。

中国气象部门规定：日（24 小时）降雨量≥ 50 毫米为暴雨。其中，日降雨量 >100 毫米且≤ 199 毫米为大暴雨，日降雨量≥ 200 毫米为特大暴雨。水利部门根据防洪需要按不同的地区或流域规定了各种暴雨标准。大暴雨和特大暴雨是一种重要的灾害性天气，往往造成洪涝灾害和严重的水土流失，导致工程失事、堤防溃决和农作物被淹等重大的经济损失，但适度的暴雨则是水资源的重要来源。

成因　产生暴雨的主要物理条件是充足的源源不断的水汽、强盛而持久的气流上升运动和大气层结的不稳定。各种尺度的天气系统和下垫面特别是地形的有利组合都可产生较大的暴雨。对不同历时、不同笼罩面积的暴雨起主导作用的是不同尺度的天气系统。小尺度系统积雨云是产生暴雨的降水单体。它的水平尺度为几千米，生命史仅 10 ～ 30 分钟，降水强度很大，形成暴雨中心，笼罩范围极小。中尺度系统有若干个积雨云的对流活动，形成雨团，水平尺度 10 ～ 300 千米，持续时间一般为几小时，雨量可达每小时 10 毫米以上，产生暴雨区。天气尺度系统可多次产生中尺度系统和雨团，水平尺度在 1000 千米上下，持续时间约半天到 3 天，形成大范围雨区。这种系统构成特大暴雨或持续性暴雨等一类灾害性天气。此外，组成大气环流主要因子的行星尺度系统，影响大范围降水区的稳定或移动，决定暴雨区水汽的输送，对长历时大面积的持续性暴雨有重要影响。

中国大范围暴雨的天气系统主要有西风带低值系统和低纬热带天气系统两类。前者包括锋、气旋、切变线、低涡和槽等，影响全国大部分地区。后者包括台风（热低压）、东风波和热带辐合带，主要影响华南和东南沿海各省，但个别深入内地的台风也能产生特大暴雨。此外，在干旱与半干旱的局部地区热力性雷阵雨也可造成短历时小面积的特大暴雨。中国的持续性特大暴雨常在下列两种天气形势下发生：①高空为纬向环流型，副热带高压从北太平洋西伸，中纬度西风带上多小波动，高纬度乌拉尔山和鄂霍次克海附近常有阻塞高压。每当西风带上有一个小低压槽过境时，就下一场暴雨；而当连续有几次小低压槽过境时，便造成持续性暴雨，如长江流域的梅雨期暴雨和华南前汛期暴雨。②高空为经向环流型，副热带高压偏北，日本海上有一副热带高压单体，中纬度西风带南北风的分量较大，长波槽在日本高压和青藏高压之间。西南地区的低涡常沿长波槽前的西南气流北上，在日本海高压西侧的长波槽前产生持续暴雨，1963 年 8 月上旬华北地区的特大暴雨就是在这种形势下产生的。

中国的暴雨分布 在中国的东半部，冬季暴雨局限在华南沿海，从 4 月开始由南向北推进。5～6 月，华南地区暴雨频频发生，降水具有温带系统特征，点雨量很大，称为前汛期暴雨。6～7 月，长江中下游有一段连续阴雨时期称为梅雨，锋面持久稳定，常有持续性暴雨出现，历时长，笼罩面积广，暴雨量也大。7～8 月是北方各省的主要暴雨季节，暴雨强度很大。9～10 月雨带又逐渐南撤。夏秋之后，东海和南海台风暴雨十分活跃。7～8 月台风往往在东海沿岸登陆，并向北或东北移动；6 月前和 9 月后，一般在华南沿海向西移动，或在太平洋西部转向东北。台风暴雨的点雨量往往很大。中国 24 小时降水量极值接近或超过 1000 毫米的暴雨，不仅在沿海地区，而且在内陆地区也出现过。从辽东半岛南部起，沿着燕山、阴山经河套、关中、四川到广西、广东，在这条界线以南以东地区都是容易出现大暴雨的地区。

定量特性 包括一次暴雨的时面深特性和暴雨量的多年统计特性。

一定地点的暴雨量用降水深度表示，以毫米计。一次暴雨随时间的变化用时段雨量柱状图或累积曲线图表示，也常用不同历时内的最大雨量来说明暴雨的集中程度。一次暴雨随笼罩面积的变化用不同历时的雨量等值线图表示。通过计算不同历时各等值线所包围的面积及其相应的平均雨深，可以获得一次暴雨的不同历时、不同笼罩面积和不同雨量深度的定量关系，称暴雨时面深关系。各次暴雨的时面深关系各不相同，对一个特定地区或流域，可对多次暴雨进行这种关系的综合，以说明该流域的暴雨特性。

中国一次暴雨的总历时以北方局地雷阵雨历时为最短，有时只有 1 小时左右，华北暴雨多集中在 1 ～ 2 天内，个别可达 7 ～ 8 天。南方暴雨一般可持续 2 ～ 3 天，有时可持续 5 ～ 6 天，梅雨期可以连续发生多次暴雨，雨期可长达两个月，天气系统在有限的纬度带内摆动，包括多次暴雨过程。

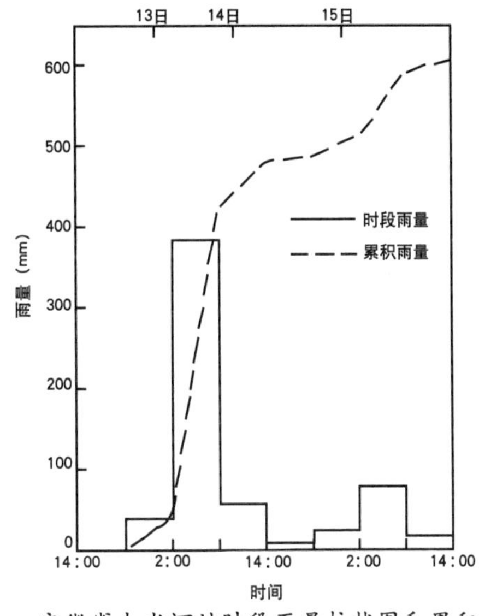

安徽省大水河站时段雨量柱状图和累积曲线图（1969 年 7 月 13 ～ 15 日）

暴雨面积以干旱地区的局地雷阵雨为最小，有时不到 100 平方千米。1977 年 8 月内蒙古木多才当暴雨，10 小时雨深超过 200 毫米的面积仅 1860 平方千米。台风暴雨分布较广。1975 年 8 月河南林庄 5 天暴雨超过 200 毫米的面积达 43765 平方千米。长江流域 1935 年 7 月上旬鄂西暴雨面积更大，旬雨量 200 毫米雨深的面积达 124410 平方千米。

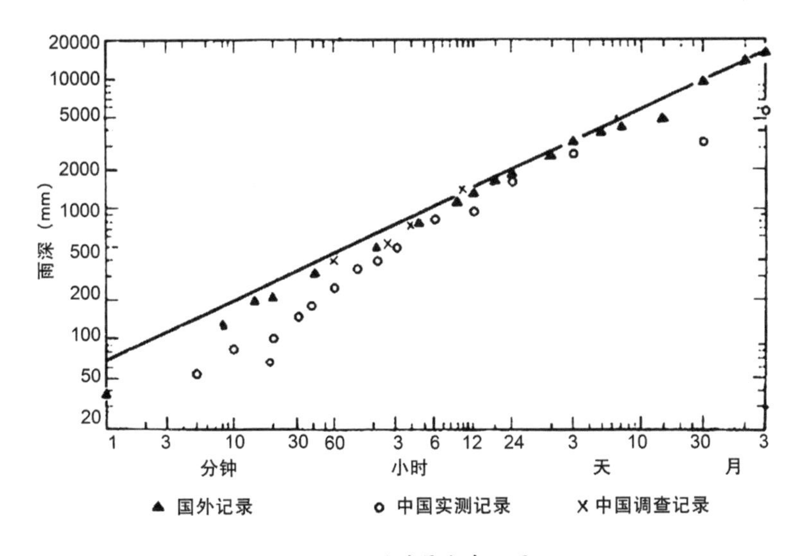

世界不同历时最大点雨量

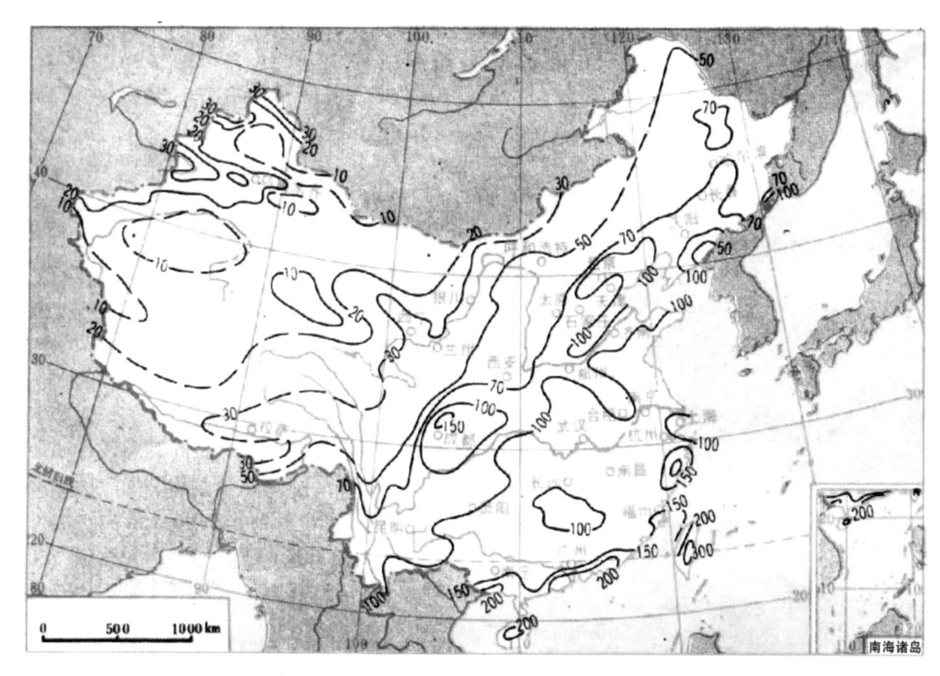

中国年最大 24 小时点雨量均值等值线概略图（单位：毫米）

多年统计特性指年最大各历时点（或面）雨量的均值、变差系数、各种频率雨量以及实测或调查极值等。多年特征统计中的均值反映暴雨的多年平均情况。这种均值随地域的变化十分明显并与水汽、地形、天气系统的路径有关，一般用各特征值或参数等值线图表示暴雨多年统计特性。中国年最大 24 小时点雨量均值的地区分布为：西北极干旱沙漠地区在 10 毫米以下，东部和南部可达 50 ～ 100 毫米，并有多处 100 ～ 300 毫米的高值带。最高值出现在台湾山区，达 300 毫米以上。变差系数以西部沙漠区为最大，华南较小，比较著名的、实测和调查的最大 24 小时暴雨雨深是台湾新寮的 1672 毫米、河南林庄的 1060 毫米、内蒙古木多才当的 1400 毫米（调查值）。国外 24 小时大暴雨往往出现在台风等热带风暴地区，如印度洋西部留尼汪岛的锡拉奥、菲律宾的碧瑶、日本的日早、美国的斯罗尔。

[三、霜冻]

日平均气温在0℃以上，夜间由于辐射降温或寒潮爆发等多种原因，使植被表面或地面的温度降至0℃或0℃以下，导致植物损伤甚至死亡的农业气象灾害。霜冻可以有霜也可以无霜，有霜者称为白霜，无霜者称为黑霜。

中国古代已注意到霜冻的危害，曾有拉霜和熏烟等预防霜冻的办法。到了现代，预防霜冻的手段日趋进步，已能用人造卫星和飞机摄取霜情照片预报和防御霜冻的发生。

类型 按发生时的天气条件可分3类：①平流型。早春和晚秋时节因冷空气入侵而急剧降温，并常伴随大风。又称为风霜。其特征是危害范围大，地区间小气候差异小，持续时间较长，一般3～4天。②辐射型。在冷高压控制下，夜间晴朗无风，植株表面强烈辐射散热，作物体温降至0℃以下时形成。又称为静霜。持续时间0.5～10小时，也可连续几个夜晚出现。小气候差异很大。③混合型。冷平流和辐射冷却共同作用。一般先是冷空气入侵，温度明显下降；随之夜间晴朗，长波辐射加强，温度进一步降低。常见的霜冻多属此类。按发生季节划分，出现在秋季的为秋霜冻或早霜冻，其中最早的一次称初霜冻；出现在春季的为春霜冻或晚霜冻，其中最晚的一次称终霜冻。从终霜冻到初霜冻之间的时段称无霜期。

指标和出现时间 霜冻的发生不仅决定于降温强度和持续时间，且决定于作物品种和不同发育期的耐寒能力，同时与作物生长状况、管理水平和冻前气象条件有关。

主要作物霜冻指标

作物名称	发育期	最低气温*（℃）	受害情况
冬小麦	拔节后1～5天	-4～-5	植株茎受害或植株死亡
	拔节后6～10天	-2～-3	同上
	拔节后11～15天	-0.5～1.5	同上
	拔节后16天后	0	同上
玉米	苗期	0左右	叶片损伤，部分植株死亡
	成熟期	0以下	会冻死
甘薯	成熟期	2～4	轻微受冻，上层薯叶变棕黄色，仍能继续生长
		0～2	冻害严重，薯叶全部冻死，晒干成黑色
大豆	苗期	0～1	叶轻微受害
	成熟期	0	部分植株死亡
棉花	苗期	0～1	开始受冻，持续时间长会冻死
	吐絮成熟期	0～-1	部分叶子受轻冻，个别棉铃有受冻现象
高粱	苗期	0～-1	开始受冻
	成熟期	0～2	受冻害，有的会冻死
白菜	可收前	0以下	受冻害
		-2～-3	部分冻死
四季豆	幼苗期	1～2	开始受冻和部分死亡
		0～1	幼苗大量死亡
苹果	开花期	-1～-2	发生落花现象
葡萄	萌芽期	-1	开始受冻
桃	花期	0	花瓣凋萎脱落

*本表所用均为百叶箱干湿表干球温度，比时温或地面温度偏高。

中国各地初、终霜冻出现日期差异很大。用地面最低温度等于或低于 0℃的初、终日作为初、终霜冻的出现日期，东北地区平均初霜冻日期为 9 月中下旬，最早在 8 月下旬；华北一带在 10 月中下旬；长江中下游地区约在 11 月下旬至 12 月上旬；四川盆地及华南各地则在 12 月下旬以后。海南省和台湾省全年无霜冻。终霜冻日期，以华南地区最早，多出现在 1 月和 2 月上旬以前；四川盆地在 2 月上中旬；长江以南地区在 3 月上中旬；江淮地区在 3 月下旬至 4 月上旬；华北平原各地在 4 月中下旬；黑龙江北部最晚，平均在 5 月下旬，个别年份迟至 6 月下旬。

影响因素 霜冻的严重程度受下列条件影响：①天气。冷空气强，夜间晴朗无风，促使辐射降温，则霜冻严重。②地形。低洼地和闭塞地冷空气容易积聚。山地山坡的中部霜冻最轻，山顶次之；洼地山谷和山坡下部霜冻严重。同一山地，山坡的背风部位受害轻，迎风部位受害重。③土壤状况和湿润程度可直接影响土壤上层温度的变化。土壤干燥疏松时颗粒间孔隙多，所含空气为不良导热体，因此白天接受的太阳辐射仅限于表层土壤增温，夜间表层的热量释放快，地面温度降低也快，容易出现霜冻；土壤潮湿时则导热率和热容量都增大，从而地面温度降低较慢，不易形成霜冻。如果土壤水分条件相近，一般砂土地霜冻害重，黏土地轻。

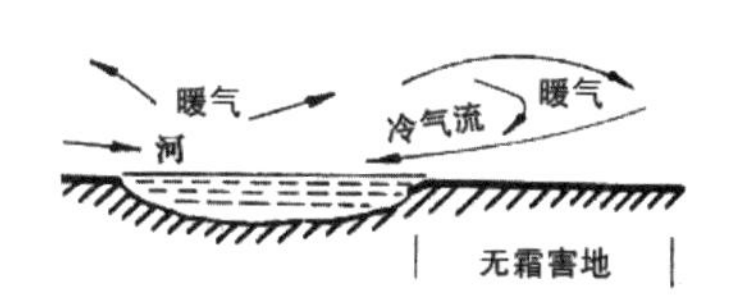

a.河边或湖边不易发生霜害

b.山坡中部小洼地为夜间冷空气积聚之处

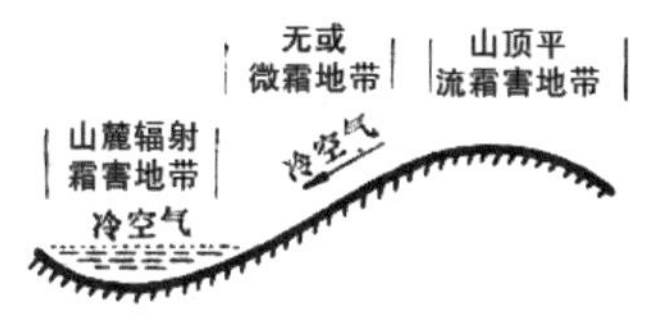

c. 斜坡上无霜害地带

地形与霜冻

致害机理 霜冻使植物的细胞或组织结冰而受害。结冰包括细胞间隙结冰和细胞内结冰两种情况。前者对植物的影响是可逆的。在后一种情况下，则结冰一方面对原生质胶体结构产生机械破坏作用；另一方面使细胞本身脱水，使细胞因干旱而受害。如果细胞胶体束缚水丧失，则植物组织因干旱而死亡，其影响是不可逆的。研究表明，霜冻危害是腺苷三磷酸（ATP）合成受阻，细胞结构发生病理变异，并因铵的积累而危害植物的生理过程。

防御　一般的防霜措施有：①根据当地霜冻的发生规律安排作物布局和品种，确定适宜的播栽期和农业栽培措施。②用蒿秆、草帘、塑料薄膜、土壤等覆盖作物，削弱平流和辐射降温。③喷、灌水。因水温一般高于气温，喷、灌水释放出的一定热量可缓和土壤、空气的降温。同时，空气湿度增大则夜间冷却减慢，土壤湿润则导热率增大，利于土壤深层热量向上传递和减缓作物表面和地面降温。由此产生的增温效应可保持几天。④熏烟。烟幕能削弱地面的有效辐射，减少热量散失；发烟时放出的热量可使降温减缓；水汽在烟粒上凝结可放出潜热。⑤人工加温。即通过燃烧液体或固体燃料提高低层空气温度。例如，美国和日本利用工业副产品（重油、石油焦砖）作燃料加热，同时用鼓风机或风扇将加热上升的暖空气送回地面；苏联利用报废的飞机引擎，产生大量热能，使果园显著升温等。⑥通过霜冻预报掌握霜冻发生规律，及时采取相应防御措施。

[四、冰雹]

强对流云中的一种固态降水物，直径一般为5～50毫米，大的有时可达10厘米以上，又称雹或雹块。

冰雹常砸坏庄稼，损坏房屋，威胁人畜安全，是一种严重的自然灾害，很多雹灾严重的国家已进行了人工防雹试验。冰雹的破坏力同雹块的数量、质量和落速有关，雹块越大，破坏力就越大。冰雹降自对流特别旺盛的积雨云中，这种云的厚度一般在5千米以上，云顶高度可达12千米以上，云顶温度很低，常达-30～-40℃甚至更低。云中的上升气流比一般雷雨云强，常达15～20米/秒以上。据估计，若产生直径10厘米的大冰雹，上升气流的速度需达50米/秒以上。小冰雹是在对流云内由雹胚上下数次和过冷水滴碰并而增长起来的，当云中的上升气流支托不住时就下降到地面。大冰雹是在具有一支很强的斜升气流、液态水的含量很充沛的雷暴云（或超级单体）中产生的。每次降雹的范围都很小，一般宽度为几米到几千米，长度为 20 ～ 30 千米，所以民间常有“雹打一条线”的说法。每次降雹的时间较短，一般都在 10 分钟以内，也有长达 30 分钟以上的。

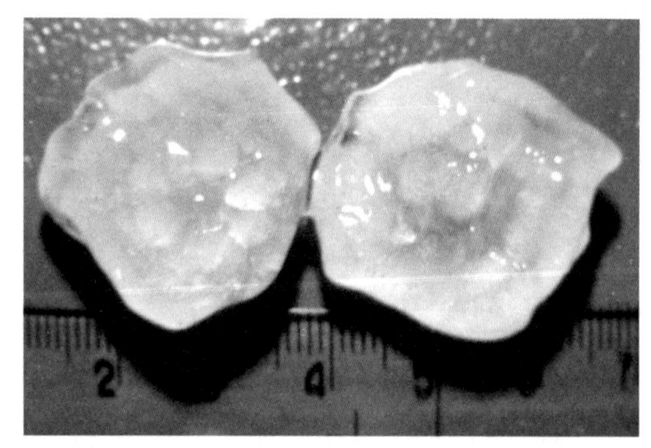

冰雹切片

在冷锋、低涡和切变线等天气系统上，如果叠加有飑线、雷暴等中小尺度天气系统，最容易形成冰雹。但总的说来，即使在上述条件下，形成冰雹的机会仍然比较少，还需要另外一些条件的配合。例如：①有适当的零度层高度，一般以在 600 百帕等压面附近最容易降雹。这是因为云中上升速度最大的气流往往出现在 600 百帕等压面以下 200 ～ 300 米处，雹胚或小雹粒下落经过零度层时表面融化，并且正落入上升气流最强处，它们又被抬升到零度层以上，重新冻结并与过冷水滴碰并增长，如此反复多次，就能形成较大的冰雹。中纬度地区的零度层，常常在 600 百帕附近，这是该地区降雹次数比高纬度和低纬度地区多的原因之一。②对流层中部和上部有急流通过的地区。这是因为急流附近风速大，易于形成强烈的辐合辐散，上层辐散下层辐合的情况有利于天气系统的发展和对流的加强；急流能将高层大气凝结时释放的潜热带走，使云内原来的层结不稳定状态得以维持和加强；急流区的风速铅直切变强，容易造成倾斜的上升气流，有利于强雷暴的生成和发展。

中国的冰雹 冰雹和它所伴随的雷暴、大雨、飑线及龙卷等，是中国经常出现的灾害性天气。中国冰雹分布范围之广，年降雹日数之多，降雹季节之长，所造成灾害之严重，在世界亦很突出。在中国古书上关于雹灾的记载很多，历史上黄河中游地区有记录的雹灾在 280 次以上。

冰雹的时空分布 中国多雹地区主要分布在高原和山区。青藏高原为世界年雹日数最多、多雹区范围最大的高原，唐古拉山地区年雹日在 20 天以上，黑河为 35 天，大雪山两侧 13 ～ 20 天。天山、祁连山、阴山、大兴安岭、小兴安岭和长白山等大山脉地区，年雹日一般都在 3 天以上，多雹中心达 7 天甚至 10 多天。云贵高原和黄土高原年雹日也为 1 ～ 3 天。

沙漠地区、中国东部平原地区及沿海，年雹日数一般都不超过 1 天。

中国的降雹一般出现在春、夏和早秋。随夏季风的进退，从早春到盛夏，多雹区（特别是雹灾区）有从南向北、从东向西推移的特点，秋季后又反向移动。因而，中国北纬 33° 以北和青藏高原的降雹一般发生在 4 ～ 10 月，但南方则四季都可能降雹。

在青藏高原和一些高大山区，降到地面的多是小冰雹或霰，因而很少成灾。中国南方冬季的降雹也多是小冰雹或霰而很少成灾。

中国东部南岭以北、长城以南的广大地区，尤其长江中下游和黄淮地区，虽然一测站要在 1 ～ 2 年或几年才观测到一次降雹，但多出现在农作物生长的关键时节（如麦收季节），又常形成大雹块并伴有雷雨大风，因此造成严重危害。这种强雹暴呈条、带状，离散分布在很大范围内，一日可影响几省数十县。

形成条件 在海拔 1000 ～ 2000 米的云贵高原、黄土高原、内蒙古高原南部及一些大山东侧，这些地区由于具备了有利雹暴发展的自然地理条件，成为中国雹灾频繁的地区。例如，内蒙古高原南部位于中纬度西风急流影响下，并受蒙古低涡和东北冷涡影响，地势向下风方倾斜而有利于冷空气加速下坡，有些地方又位于山脉下风方而有利于背风波发展，或位于高原向阳坡日射增热作用大、下垫面性质差异大，且属半干旱气候区，因此当南北方不同属性的空气在这里交绥时，就发生强雹暴。又因海拔较高，冰雹不会在落地前于中途融化。因此，这里的雹灾频繁，对农牧业危害甚大。

倘若在上述地区内，又有马蹄形、喇叭口形和山间盆地等地形，使冷空气猛烈触发聚积已久的不稳定空气，降雹就特别严重。如云南鹤庆、甘肃岷县八朗、山西灵丘、河北怀来和北京的延庆都属于这种情况。这些地区“雹走熟道”，即雹暴的近地面下沉气流向低处流，逢山口夺路而出，沿山脉择河谷而行，使得所经之处屡屡遭受灾害。

中国各地气象台站使用天气图和单站探空资料做出短期冰雹预报。但因冰雹局地性大，发生时间短促，故很难预报出准确的地点和时间。20世纪50年代以来，全国雹灾严重地区相继都有组织地开展了广泛的人工消雹工作，取得了一定效果。

［五、冻雨］

过冷雨滴降落到温度低于0℃的物体或地面上立即冻结的降雨现象。这种冻结物称为雨凇，俗称冰挂或冰凌。

冻雨所形成的雨凇，在电线、树枝、铁轨和公路上形成一层透明光滑的冰壳，严重时，能够压断电线或树枝，造成供电和电讯中断、树木毁坏、交通停顿等危害；过冷雨滴同飞行中的飞机碰撞，还能造成飞机表面严重积冰，威胁飞行安全。

冻雨多发生在初冬或晚冬，当有冷锋入侵时，锋面下的气温和地面温度都降至0℃以下，而锋面上的气温却在0℃以上且较潮湿，在锋面上的云层内形成的雨滴落入温度低于0℃的气层时，就能变成过冷雨滴，一旦降到地面或地物上就能撞冻成雨凇。冻雨的持续时间一般不长，但若出现持续时间长、范围广、强度大的冻雨，就能造成很大危害。

雨凇

中国出现冻雨次数较多的地区有贵州、湖南、山东、河南、甘肃、陕西等省。

[六、毛毛雨]

分布稠密均匀的微细液态降水。水滴直径小于 0.5 毫米，可随风飘流。毛毛雨大多降自大气层结稳定的层云，也有从雾中降落的。

在冬末春初东北季风盛行时期，中国南部沿海及中印半岛北部常出现一种“克拉香天气”，即由雾、毛毛雨和微雨所形成的潮湿期天气，一般从 1 月末开始，有时可断断续续维持到 4 月中旬。这时候因常伴有雾和低云，能见度极差，严重影响该地区的航空运输及飞机飞行。中国气象人员常把这种长期持续的毛毛雨和微雨的天气称为濛雨天气。

[七、连阴雨]

接连几天阴雨连绵（中间可以有短暂的日照）的冷湿天气。又称低温连阴雨。

连阴雨同春末发生于华南的前汛期降水和初夏发生于江淮流域的梅雨不同。后两者虽在现象上也可称连阴雨，但温度、湿度较高，雨量较大；而前者的主要特点是温度低、日照少、雨量并不大。连阴雨的灾害，主要在低温方面。初春的连阴雨，往往出现在中国南方水稻播种育秧时节，易造成大面积烂秧现象；秋季连阴雨如出现较早，也会影响晚稻等农作物的收成。

春季，中国南方的暖湿空气开始活跃，北方冷空气开始衰减，但仍有一定强度且活动频繁，冷暖空气交绥处（即锋）经常停滞或徘徊于长江和华南之间。在地面天气图上出现准静止锋，在 700 百帕等压面图上，出现东西向的切变线，它位于地面准静止锋的北侧。连阴雨天气就产生在地面锋和 700 百帕等压面上的切变线之间。当锋面和切变线的位置偏南时，连阴雨发生在华南；偏北时，连阴雨就出现在长江和南岭之间的江南地区。秋季的连阴雨，发生在北方冷空气开始活跃、南方暖湿空气开始衰减但仍有一定强度的形势下，其过程与春季相似，只是冷暖空气交绥的地区不同，因而连阴雨发生的地区也和春季有所不同。

［八、梅雨］

初夏时期，在中国长江中下游到日本南部一带出现的雨期较长、雨量较大的持续阴雨天气。因时值梅子黄熟，故名。

中国古代关于梅雨的记载很多，如唐代柳宗元在《梅雨》中写道：“梅实迎时雨，苍茫值晚春。”宋代苏东坡在《舶艞风》中说：“三时已断黄梅雨，万里

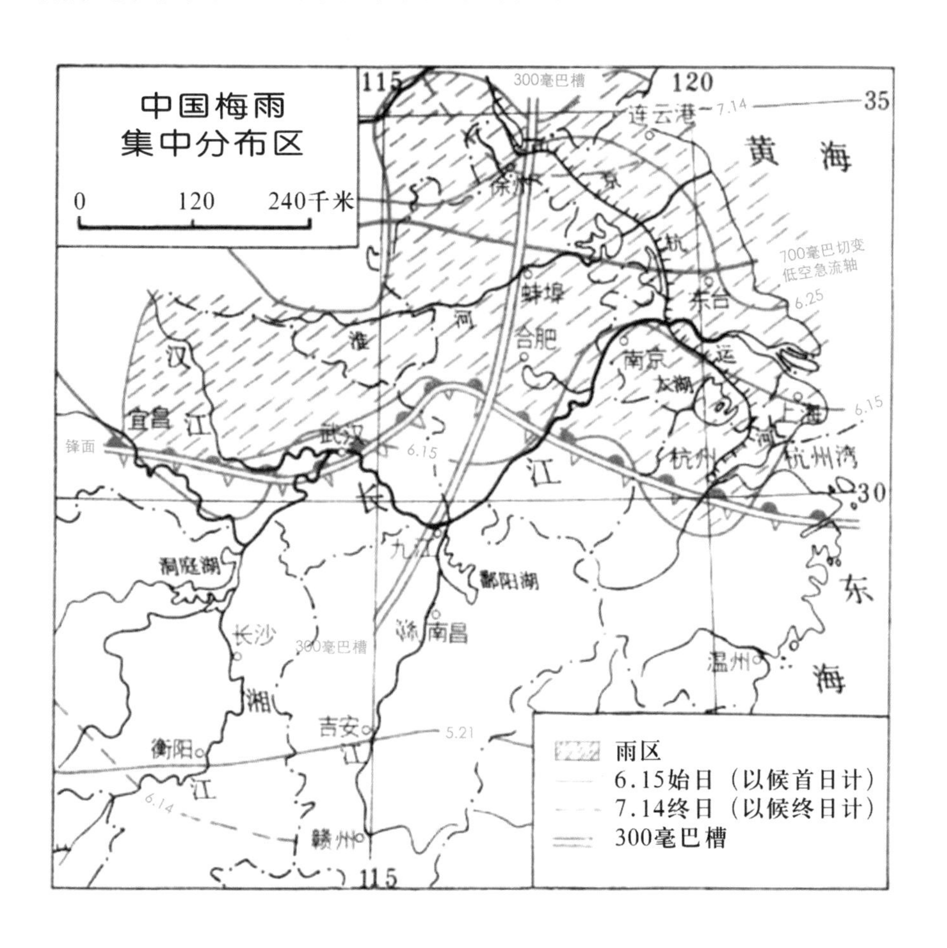

初来舶艫风。”三时，为夏至后半月，舶艫风指的是东南季风。此诗的意思是，在 7 月上旬后半期，东南季风盛行时，梅雨期结束。以上两诗，分别指出的入梅和出梅日期，同现在大致吻合。

梅雨产生于西太平洋副热带高压西北边缘的锋区（可称梅雨锋），是极地气团和副热带气团相互作用的产物。梅雨雨带的位置和稳定性与副热带高压的位置（脊线，一般稳定在北纬 20° ～ 25°）和强度密切相关，还与西风带有无利于冷空气南下到长江流域的环流形势有关。每年 6 月初，当大气环流的形势产生比较大的调整后，西太平洋副热带高压脊线跳到北纬 20° 以北，长江流域就开始进入梅雨期。当西太平洋副热带高压脊线进一步北跳，越过北纬 25° 时，梅雨期结束，长江流域进入伏旱期。

梅雨期的划定一般着重考虑局地短期的天气特征，如雨日、雨量、气温、云量和相对湿度等，并参考西太平洋副热带高压脊线等环流形势变化。中国江南一带，如浙江、江西及湖南南部，梅雨一般比长江流域早。对长江上游是否存在梅雨，还有争议。

梅雨期的迟早、长短和雨量的年际变化很大。据 1951 ～ 2000 年的资料统计，长江中下游区域的梅雨，平均 6 月 18 日入梅，7 月 8 日出梅，梅雨期为 20 天。入梅最早为 6 月 2 日（1991 年），最迟为 7 月 9 日（1982 年）；出梅最早为 6 月 14 日（1994 年），最迟为 8 月 3 日（1998 年），相差达 50 天。梅雨期最长达 50 天，而有的年份则无明显梅雨，称作空梅（如 1958、1965 和 2000 年）。

梅雨的丰枯决定夏季旱涝。如 1954 年是长江流域近百年来未遇的丰梅年，以长江中下游的上海、南京、芜湖、九江和汉口 5 个站为例，梅雨期的雨量平均达到 454 毫米，造成严重的水灾。而梅雨枯空的年份又会产生旱灾。因此，对梅雨的研究和预测成为天气气候学最重要的课题之一。

[九、雪暴]

大量的雪被强风卷着，随风运行，水平能见度下降到 1 千米以下的天气现象。俗称暴风雪。有时强风把地面的积雪吹起，分不清当时是否正在下雪的高吹雪现象也称为雪暴。

雪暴和寒流袭击保加利亚

雪暴发生时积雪会掩埋公路、铁路、草场，甚至畜群，使交通受阻，大量牲畜冻死或断饲饿死，造成重大自然灾害。中高纬度地区的冬半年里，在发展很强的气旋后部，常可发生雪暴。在冬季和初春时节，当蒙古气旋和东北气旋发展加深时，中国的东北、内蒙古、新疆、青海等地区盛行西北和偏北风，伴有雪暴发生。在俄罗斯的亚洲地区，与雪暴相伴的是东北风，并称为布冷风或普加风。法国的东南部称这种夹着雪的寒风为布列札风或布尔比埃风。南极的雪暴则是指从冰盖向下吹的极强风，其平均风速可达 50 米 / 秒，并可持续数小时之久。

[十、大风]

近地面层风力达蒲福风级8级（平均风速17.2～20.7米/秒）或以上的风。中国气象观测业务规定，瞬时风速达到或超过17米/秒（或目测估计风力达到或超过8级）的风为大风。有大风出现的一天称为大风日。在中国天气预报业务中则规定，蒲福风级6级（平均风速为10.8～13.8米/秒）或以上的风为大风。

大风会毁坏地面设施和建筑物；海上的大风则影响航海、海上施工和捕捞等作业，为害甚大，是一种灾害性天气。产生大风的天气系统很多，如冷锋、雷暴、飑线和气旋等。热带风暴的大风出现在涡旋的强气压梯度区内，呈逆时针旋转；冷锋大风位于锋面过境之后；雷暴和飑线的大风则发生在它们过境时雷雨拖带的下沉气流至近地面的流出气流中。地形的狭管效应可以使风速增大，使某些地区成为大风多发区，如新疆北部的阿拉山口、台湾海峡等地区。

[十一、焚风]

沿山脉背风坡向下吹的干暖风。foehn一词源自德文föhn，原专指气流越过欧洲阿尔卑斯山地后，在德国、奥地利谷地变得干而暖的气流。此后这一概念推广到世界各地，指由于下沉运动使空气温度升高、湿度降低而形成的干暖风。

高加索山、中亚细亚山地和落基山等均是著名的焚风发生区。在中纬度相对高度不低于800～1000米的任何山地，均有可能出现焚风现象。在环境条件有利时，甚至更低的山地也会有焚风发生。冬季，焚风可引起和加速积雪融化，甚至导致雪崩发生；暖季的焚风能使谷物或果实早熟，严重时可导致作物枯萎，甚至引发森林大火和干旱加剧等自然灾害。

焚风的形成是由于暖湿气流在山脉迎风坡上升过程中，水汽凝结成云致雨，释放热量，使空气变暖、变干。到了山的背风坡，已经变得暖而干的空气在下沉过程中按干绝热递减率（1℃/100米）增温，最后导致山前和山后，同高度上的空气，背风坡较迎风坡干而暖，极端情况下温度可增高10℃以上。温度增高值与下沉气流流过的距离（即山顶与山脚之间的高度差）有关。

[十二、干热风]

农业气象灾害的一种。高温、低湿并伴有一定风速的气象条件对农作物造成的损害。大气干旱的一种。又称旱风、干旱风。

危害 伴随干热风的高温、低湿和一定的风速可使植物蒸腾作用加强，在根系吸水力不能适应时导致植株水分收支失调。高温低湿环境还影响叶片的光合作用，甚至导致光合作用中断；破坏植物细胞的透性，影响植株体内营养物质的输送，使籽粒灌浆速率减慢。高温还可引起体内蛋白质分解及有毒的中间代谢物质积累过多，使植株死亡。主要的为害对象是小麦，对稻、豌豆也时有影响；在抽穗到乳热末期较易受害。小麦受害表现为叶片和茎黄白或青枯，颖壳变白，芒尖

干枯或炸芒，籽粒干瘪，腹沟深，千粒重下降。水稻受害后穗灰白色，秕粒增加，甚至全穗枯死，不结实。豌豆受害后花、荚干枯，脱落。在中国，为害区域以淮河、秦岭、祁连山、阿尔金山为南沿，长城、阴山、贺兰山、龙首山、阿尔泰山为北沿，包括华北和西北地区的大部及部分华东地区。为害季节集中于5～7月，平均10年内有1～2年的重害年。受害面积可达2亿亩以上。受害的小麦千粒重轻则下降1～3克，重则下降5～6克，减产幅度达3%～20%。

类型 按发生特点可分3类：①高温低湿型。表现为大气高温干旱，地面一般刮西南风或偏南风，造成小麦枯熟、瘪粒，是中国北方麦区主要的干热风类型。②雨后青枯型。表现为小雨后猛晴，高温低湿，使灌浆中后期的小麦青枯，主要发生于甘肃、宁夏等地。③旱风型。表现为空气湿度低，日最高温度不太高，一般在30℃以下，风速较大，风向西北或西南，造成小麦瘪粒，多见于江苏北部、安徽北部等地。

指标 各地干热风指标大体相近，略有不同，不同作物的指标也有差异。定量确定干热风的标准时，考虑温度、湿度和风力三个气象要素。一般定义为：日最高气温≥29～34℃，14时相对湿度≤25%～35%，14时风速≥2～3米/秒为轻干热风；日最高气温≥32～36℃，14时相对湿度≤20%～30%，14时风速≥2～4米/秒为重干热风。由于各地的作物品种不同，土壤性质各异，发生干热风时作物所处的生育期也不同，因而足以对作物构成危害的干热风指标也有差异。

成因及影响因素 春末夏初雨季到来之前的干旱季节，天气晴朗少云，太阳辐射强，地面增温快，是干热风发生的气候背景。在中国，当极地大陆冷空气南下，进入华北地区时，气流下沉，增温变性，加以地处高压后部，地面吹西南风，就形成华北地区的干热风天气。干热风也可由热带大陆暖空气入侵形成。青藏高原至新疆、内蒙古地区高空为一暖脊，同时副热带高压伸向江南，暖平流较强，地面为一热低压，这些条件使河西地面上空气压形成北高南低形势，就在低压区北部出现又干又热的偏东风，形成河西地区的干热风。

影响干热风的因素除天气、气候条件所决定的干热风强度和持续时间外，地形、土质、作物生育期和生育状况也有很大影响。地形可以加强或削弱干热风的强度。保水能力差的砂质土和土层浅薄的丘陵地，在土壤干旱情况下容易受害。小麦乳熟期以前植株生命力强，受害轻；乳熟中后期受害重；生育前期降水过多，根系分布层浅，或春季干旱植株发育不良时，抗干热风能力差。锈害等植物病害破坏植物组织，加剧植株蒸腾失水，可以加重干热风为害。

防御措施 ①选用抗干热风的优良品种。在重为害区，要把抗干热风作为小麦育种目标之一。北方麦区早熟品种可减少或避开干热风的危害。②利用综合农业措施，如通过改良土壤、提高土壤肥力、扩大灌溉面积、营造农田防护林、实行林农间作等改善农田小气候环境，可提高农田抗灾能力。调整农业结构、作物比例、种植制度也有助于减少危害。③在干热风常发生地区可采用氯化钙浸种；小麦灌浆期，宜在干热风出现前浇麦黄水和喷施磷酸二氢钾、草木灰水、石油助长剂等防御干热风为害。

[十三、沙尘天气]

在近地面风力驱动下，裸露于地表的沙粒和尘土被刮入空中，使大气变混浊、能见度下降的天气现象。

为了区分在不同风力和不同地表状况下，地表向大气输送沙尘的差异，以及相应的大气混浊度和能见度的不同，气象部门将沙尘天气分为浮尘、扬沙、沙尘暴、强沙尘暴和特强沙尘暴五类。

①浮尘。尘土、细沙均匀地浮游在空中，使水平能见度小于10千米的天气现象。

②扬沙。风将地面沙尘吹起，使空气相当混浊，水平能见度在1～10千米的天气现象。

③沙尘暴。大风将地面大量沙尘吹起，使空气很混浊，水平能见度小于1千米的天气现象。

④强沙尘暴。大风将地面大量沙尘吹起，使空气非常混浊，水平能见度小于0.5千米的天气现象。

⑤特强沙尘暴。狂风将地面大量沙尘吹起，使空气特别混浊，水平能见度小于50米的天气现象，俗称黑风暴。

沙尘暴发生时，大风可摧毁建筑物和树木，流沙会掩埋农田、村庄、道路和草场，大气中的浮尘严重污染环境、危害人类健康，低水平能见度会影响交通安全，风蚀则对农田和土壤造成深层次的破坏。

沙尘暴的发生需要强风、覆盖有沙尘的裸露地表和有利于沙尘进入大气的不稳定层结。中国北方的沙尘暴多发地区是塔里木盆地及周边地区、以民勤为中心的河西走廊地区、内蒙古的阿拉善高原和浑善达克沙地。沙尘暴发生的时期有明显的季节变化。60%以上的沙尘暴天气出现在春季（3～5月），其中又以4月为最多。沙尘暴天气具有明显的日变化，午后至傍晚发生的频次最高，午夜至早晨发生的频次最低。导致沙尘暴天气发生的强风主要来源于强冷空气活动（即冷锋过境）。如果在冷锋前有中尺度强对流天气系统发生，其短时强风可导致灾害性极强的黑风暴发生。依冷空气活动的路径不同，中国沙尘暴天气的移动路径分为西路、西北路和北路三类。

2003年6月24日沙尘暴突袭敦煌

第二章 南风暖、北风寒

[一、天气系统]

引起天气变化并具有典型特征的各种尺度大气系统。典型特征一般是指有不同的压温湿风和天气等结构。

根据气压结构有高气压和低气压等，根据温度分布有寒潮、冷锋和暖锋等，根据湿度和天气有云团和雷暴等，根据风有气旋和反气旋等。许多天气系统可有多种典型特征组合，如气旋和低压，在北半球都是由中心为低气压以及气流逆时针绕中心旋转的典型特征组合。不同典型特征的天气系统经常有固定的特征尺度。如典型的副热带高压具有中心高气压、少云和下沉气流、风绕中心顺时针吹（北半球）等典型特征，其尺度大多为1000千米以上。

典型特征和典型尺度经常是综合的。因而，天气学上划分天气系统既可用典型特征亦可用典型尺度来分类。国际上常用典型尺度来做天气系统分类，依典型尺度一般可分为行星尺度、天气尺度、中尺度和小尺度等各类天气系统，但具体的标准还不统一。美国把水平尺度为2～2000千米的天气系统称为中尺度天气系统，其中又分为三类：200～2000千米的统称为α中尺度天气系统，20～200千米的统称为β中尺度天气系统，2～20千米的称为γ中尺度天气系统。在日本，则把200～2000千米的天气系统称为中间尺度，而将2～200千米的天气系统称为中尺度天气系统。也有把大于3000千米的天气系统称为行星尺度天气系统，500～3000千米的称为天气尺度天气系统，10～500千米称为中尺度天气系统，0.5～10千米的称为小尺度天气系统。此处依后者做分类表供参考，统一的分类尚待今后实践与研究决定。

天气系统的典型尺度

种类	水平尺度（km）	时间尺度	主要天气系统
行星尺度天气系统	>3000	3～15d	超长波、长波、副热带高压、热带辐合带、季风
天气尺度天气系统	500～3000	3～5d	气旋、反气旋、锋、台风、高空西风急流、低空急流、热带云团、切变线、切断低压
中尺度天气系统	10～500	3d～h	飑线、中尺度高压和低压、西南低涡、龙卷、中尺度对流群超级单体、风暴、海陆风、热带低压
小尺度天气系统	0.5～10	h～min	单体雷暴、龙卷和对流内涡动、热泡积云和积雨云

[二、雷暴]

以闪光（闪电）和雷声等雷电现象为特征的对流性天气现象。产生雷暴的天气系统是强对流性云（如强积雨云）。

雷暴过境时，主要气象要素和天气的变化都很剧烈，降水阵性强，常形成暴雨。强烈的雷暴甚至带来冰雹、龙卷、雷击等严重灾害，造成人、畜、庄稼和财产的巨大损失。一般情况下，即使是多个雷暴集合的雷暴群的影响范围也只有数百千米，持续时间较短，但有时它们若与较大天气系统相连，可以发生大范围雷暴。

在一个发展旺盛的积雨云中，云的上部产生冰晶，水滴破碎和对流活动会使云中产生电荷，一般云上部以正电荷为主，云下部则产生负电荷，云的上下部产生一个电位差，当电位差达到一定程度以后，就会放电，出现闪电。在放电的通道中，空气温度突然增加而产生急剧膨胀，引发冲击波，出现强烈的雷鸣。由于云中电荷分布复杂，放电通道也十分复杂，呈现枝状、球状或叉状等各种形状的闪电。当放电位置偏低时，可直接引起云和地之间放电，产生雷击，常造成很大灾害。由于闪电形成需要强烈发展的对流云，所以雷暴的出现，在中国南方多于北方，山区多于平原，夏季出现最多，下午或傍晚多于上午。

闪电

[三、龙卷]

自积雨云底部下垂的漏斗状云柱及其伴随的猛烈旋转的旋风系统。又称龙卷风。

漏斗状云柱可悬挂于空中也可触及地面。云柱一般垂直，但发展后期，当上下风速相差较大时便发生倾斜或弯曲。云柱及旋风直径上大下小，上部直径可自数千米到数十千米，下部自几米到数千米。龙卷的中心气压很低，可低于 400 百帕，中心到外围的气压梯度很大，可达 2 百帕 / 米，中心风速可达 100 ～ 200 米 / 秒以上，所以具有极大的破坏力，常把所经之地的人、畜、房屋和树木卷起。龙卷移向和移速由其母云（强烈发展的积雨云）而定，每小时约 40 ～ 50 千米，快的可达百千米。

当猛烈发展的积雨云中上升或下降气流之间产生很强风切变时，强切变处就会形成强烈的呈水平轴的涡管，这种云中形成的涡管常将其一端或两端伸到云下或至地面。若两端伸向云外时，便形成成对出现的、旋转方向相反的龙卷对。龙卷涡管中心是下沉气流，涡管壁有强烈上升气流，上升速度可达 50 米 / 秒以上。

美国佛罗里达州发生的龙卷

雷暴、冰雹和龙卷的发生都与积雨云有关，三者对积雨云发展的高度和强度的要求依次一个比一个更高、更强，即发生龙卷的积雨云比发生雷暴和冰雹的积雨云更高、更强。因而，龙卷常伴随强冷锋、雷暴、飑线等天气出现。台风登陆后，也经常出现龙卷。龙卷主要发生在中纬度 20° ～ 50° 地区，大陆上出现的称陆龙卷，海面出现的称海龙卷或水龙卷，一般陆龙卷比海龙卷强。美国是龙卷出现最多的国家，平均每年出现 500 次左右。中国也可见到龙卷，主要在春季和初夏出现于华南和华东地区。

海龙卷是在海上形成的或由陆地移到海上的龙卷。它是一个（或几个）从积雨云底伸向海面的形似象鼻的旋转漏斗云及其所伴随的非常猛烈的旋转风。由于离心力作用，旋转漏斗内的气压很低，具有很强的吮吸作用，中心附近的强烈的上升气流可以卷起数十米高的水（及飞沫）柱，并使海水轰鸣翻滚，因此有“海龙吸水”的雅称。海龙卷尺度较小，一般直径为 5 ～ 100 米，但是可产生 40 米 / 秒以上甚至 100 米 / 秒的飓风，加之它的出现很突然，顷刻之间狂风大作、翻江倒海，对过往船只和沿岸地区足以构成巨大威胁。例如，1969 年 12 月出现在南加利福尼亚外海的一个海龙卷，高度达 900 米，造成 3 死 17 伤和 20 万美元经济损失。

海龙卷虽然包括陆龙卷的入海者，但绝大部分是在暖水面上形成的。就其形成的环境条件而言，大部分海龙卷产生在热带风暴、海洋温带气旋或强冷锋系统之中。根据美国气象中心提供的1948～1972年373个伴有龙卷的飓风的合成点聚图资料，海龙卷可以形成于飓风除眼区以外的任何部位，但大部分产生于飓风进路的右前象限。在风平浪静的“好天气”条件下也有海龙卷发生，据推测这是暖水面加热海面大气造成大气极不稳定的结果。然而，所有龙卷都是源于云底呈“蜂窝”状结构的大块积雨云之中。云底的“蜂窝”状结构说明云中交织存在上曳气流和下曳气流。气流上下翻滚，极不稳定。蜂窝状结构进一步长出“象鼻”，伸向海面，就可产生海龙卷。

就海龙卷发生的海区而言，在世界各大洋上都有海龙卷发生。在热带和副热带，特别是南大西洋、墨西哥湾、地中海以及孟加拉湾等海域海龙卷发生频繁，在高纬度冷海域较为罕见。

中国近海北起渤海南至南沙群岛都观测到有海龙卷出现。其中多发海域：南海中南部，全年都有海龙卷发生，在南沙永暑礁1987～1989年观测到22个海龙卷；北部湾全年都有海龙卷发生；黄、渤海，如1971～1980年山东沿海观测到5次海龙卷，1984年9月3日和16日，时隔不到半月，在千里岩观测到两次海龙卷，而且后者竟持续长达62分

大西洋上的海龙卷北行至美国海岸

钟；渤海中部8号平台附近1989年10月11日出现的海龙卷也持续了56分钟；1984年9月6日青岛近海还观测到一次孪生海龙卷等，此海域海龙卷多发生在高水温的夏半年。此外，在台湾海峡及台湾东北的彭佳屿也有多次海龙卷出现的报道。

[四、飑线]

一条突然发生、持续时间不长的强狂风线。它是一种宽几千米至几十千米、长几十千米至几百千米、生命史几小时至十几小时的中尺度强对流天气系统。在气象要素场上表现为气压场和风场的不连续线，由许多强对流单体排列成为线状或狭窄的带状云带。

飑线过境处，风向急转、风力猛增、气压陡升、气温骤降，并伴有雷暴、大风和强降水，有时甚至伴有冰雹和龙卷风等天气现象。飑线是一种强对流风暴，在中纬度地区多发生于春夏之交的地面冷锋之前气旋波的暖区以及高空槽后西北气流中的气旋性切变区的强烈位势不稳定区中。飑线上强雷暴单体中的水凝物在下落过程中由于相变和拖曳而形成一支向前推进的下沉冷辐散气流，它在低层与西南暖湿气流汇合，促使原飑线前方形成排列为线状的新飑线。在飑线的生命过程中，这种原飑线减弱、新飑线发展加强的新

气象卫星探测大地示意图

陈代谢方式就构成了飑线的传播或“跳跃”现象。

天气雷达和地球静止气象卫星是监测飑线最有效的工具。在雷达的平面位置显示器上，飑线表现为由若干个对流块状回波排列而成的长数百千米、强度在 40 ～ 50 分贝以上的狭窄回波带。在卫星云图上则表现为从白亮云团边沿向外传播的弧状对流云带。

［五、海陆风］

因海洋和陆地受热不均匀而在海岸附近形成的一种有日变化的风系。在基本气流微弱时，白天风从海洋吹向陆地，夜晚风从陆地吹向海洋。前者称为海风，后者称为陆风，合称为海陆风。海陆风的水平范围可达几十千米，铅直高度达 1 ～ 2 千米，周期为一昼夜。

白天，地表受太阳辐射而增温，由于陆地土壤热容量比海水热容量小得多，陆地升温比海洋快得多，因此陆地上的气温显著地比附近海洋上的气温高。陆地上空气柱因受热膨胀，形成了如图所示的气温 (T)、气压 (p) 分布，在水平气压梯度力的作用下，上空的空气从陆地流向海洋，然后下沉至低空，又由海面流向陆地，

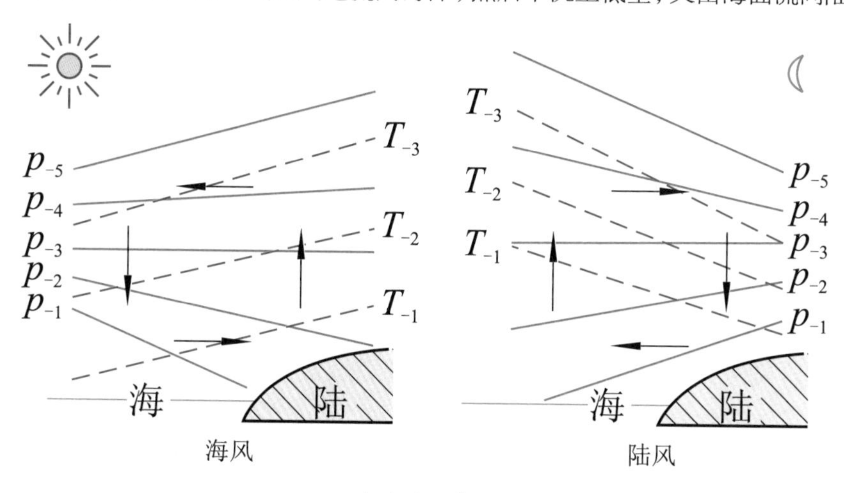

海陆风示意图

再度上升，遂形成低层海风和铅直剖面上的海风环流。海风从每天上午开始直到傍晚，风力下午最强。日落以后，陆地降温比海洋快；到了夜间，海上气温高于陆地，就出现与白天相反的热力环流而形成低层陆风和铅直剖面上的陆风环流。海陆的温差白天大于夜晚，所以海风较陆风强。如果海风被迫沿山坡上升，常产生云层。在较大湖泊的湖陆交界地，也可产生与海陆风环流相似的湖陆风。海风和湖风对沿岸居民都有消暑热的作用。在较大的海岛上，白天的海风由四周向海岛辐合，夜间的陆风则由海岛向四周辐散。因此，海岛上白天多雨，夜间多晴朗，如中国海南岛，降水强度在一天之内的最大值出现在下午海风辐合最强的时刻。

［六、山谷风］

因山坡和谷地受热不均匀而引起的局地日变化的风系。

在基本气流微弱时，山区昼夜间的风向有规律性的变化：白天，太阳辐射导致山坡增温，使和其接触的空气因受热较多而比它周围同高度的空气温度高，空气柱受热膨胀，形成如图所示的气温 (T)、气压 (p) 分布，在水平气压梯度力的作用下，上空空气由山坡水平流向山谷，然后下沉至低层，又由谷地向山坡流动再沿山坡上升，遂形成低层由谷地吹向山坡的谷风和谷风环流。夜间，山坡上的空气由于山坡辐射冷却而降温较快，谷中同高度上的空气降温较慢，于是形

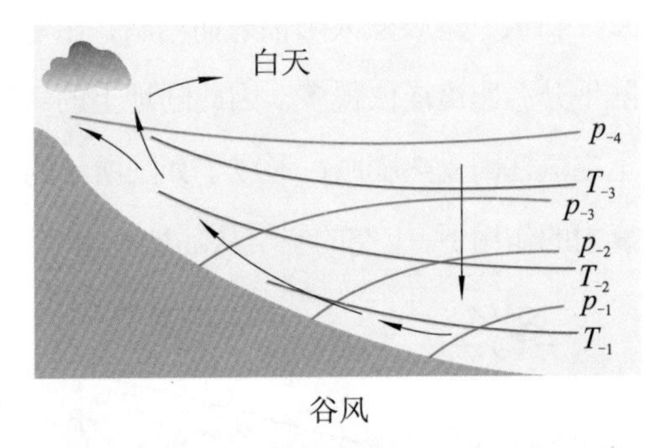

谷风

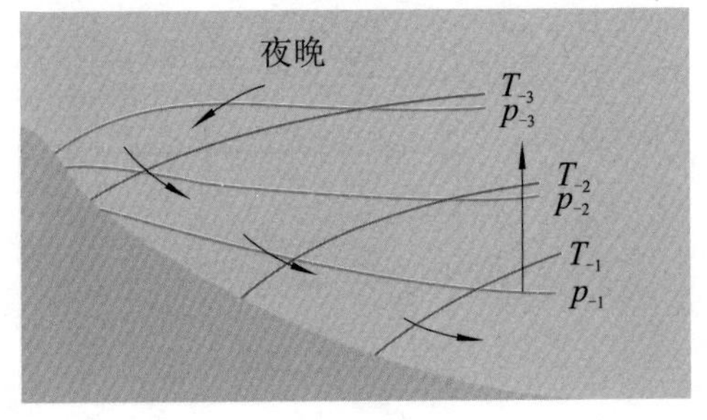

山风

山谷风示意图

成了与白天相反的环流，即风从山坡吹向谷地的山风和山风环流。由于白天山坡受热所造成的温差比夜间辐射冷却造成的温差大，因此谷风的风速大于山风。谷风沿山坡上滑时，常可形成山顶积云，有时甚至出现阵雨。山谷风的特征与山坡的坡度、坡向和山区地形条件等有密切的关系。当山谷深，且坡向朝南时，山谷风最盛。但它的周期，都是一昼夜。

山区与平原之间，有时也出现谷风特征，如北京气象台的天气预报广播中，经常有"白天风向北转南，夜间风向南转北"的词句，这种风向昼夜相反的变化，就是北京北部山区与平原地区间的山谷风效应所造成的。

[七、季风低压]

发生在季风影响区域的一种低压系统。常把孟加拉湾季风槽中发生的低压专门称为季风低压，而把南海季风槽中发生的低压，称为热带低压。

在孟加拉湾地区的夏季（西南）风期间，季风低压平均每月生成 1～3 个，以 7、8 月最多。季风低压发生后，一般向西北或西方移动，在印度东海岸或孟加拉国登陆，是这些地区夏季降水的主要天气系统。

成熟的季风低压，水平尺度约 500 千米，闭合的气旋性环流以 700 百帕的等压面上最强，400 百帕以上为反气旋环流。低压轴线随高度略向西倾。在季风低压的中心区，低层为冷性（中心较周围冷），中高层为暖性（中心较周围暖），温度振幅可达 3℃。上升运动在低压西侧最大，湿度和降水也在西侧最大，一般每天降水 100～200 毫米。季风低压的生成机制，一般认为初生期系由正压不稳定机制启动，然后由第二类条件（性）不稳定机制促使其发展。但由于它在海上停留时间不长，且对流层风系的铅直切变大（低层西风、高层东风），所以一般不容易发展成热带风暴。

［八、气旋］

北（南）半球大气中水平气流呈逆（顺）时针旋转的大型涡旋。在等高面（等压面）上，具有闭合的等压（高）线，中心气压（高度）低于周围大气，故又称低气压。气旋的水平尺度从几百千米到三四千千米不等。

气旋可按温压场特性分为正压气旋、斜压气旋和中性气旋，也可由发生地区不同分为极地气旋、温带气旋、副热带气旋和热带气旋。在温带气旋中，气旋常可由锋面上波动发展而产生，称为锋面气旋，其中极锋面上波动产生的称极锋气旋。气旋也可依发生和活动层次分为低层气旋、中层气旋和高层气旋。在中国活动的蒙古低压、东北低压、黄河气旋、江淮气旋、东海气旋以及台湾气旋都属温带气旋。东北冷涡和西南涡都属中层或高层气旋。在一条锋面上，可以先后发生数个气旋，向偏东方向移动，称为气旋族，中国江淮梅雨季经常出现气旋族。

20 世纪 20 年代挪威学者 J. 皮耶克尼斯和 H. 索尔贝格首先提出锋面气旋的经典模型。气旋的发生发展和消亡过程最初是从地面天气图分析结果总结出来的，因而是由近地面层发展起来的一种类型。高空天气图出现后，发现高空槽的发展也可引起地面气旋发展，是另一种类型。目前认为气旋发生发展以至成熟消亡是高低空相互作用通过动力过程及斜压和正压能量转换过程完成的，可分为初生、发展、成熟和锢囚四个阶段。

第一阶段为初生阶段（图 a、b）：低空为一个浅薄弱低压并存在水平辐合和降水区，低压中心位于 500 百帕上空西风短波槽前辐散区，存在上升运动。高空槽后方存在急流轴并有正涡度中心，槽前则有明显的正涡度平流。这些高空动力条件影响低空低压加强，并在锋面上加强了气旋性环流。

第二阶段为发展阶段（图 c、d）：在初生阶段的高空动力条件作用下，地面浅薄低压在地面锋和高空正涡度中心前方加强了气旋性环流，低压中心西侧偏北风引起冷平流，而东侧偏南风引起暖平流，引起斜压性发展，使锋面发展并变形为波动，形成冷锋和暖锋，在东侧加强上升运动而西侧加强下沉运动，产生垂直运动不对称。这样，冷锋向东偏南方向移动并且附近云带变窄，暖锋向东偏北方向移动并且锋前云带变宽，云系逐渐变为逗点状。由于冷锋后部冷平流和下沉运动加强，500 百帕上涡度中心向短波槽槽底移动，冷锋西北 500 百帕高度降低，暖锋前部则相反，暖平流和上升运动加强使 500 百帕高度升高，这使高空短波槽也得到发展。

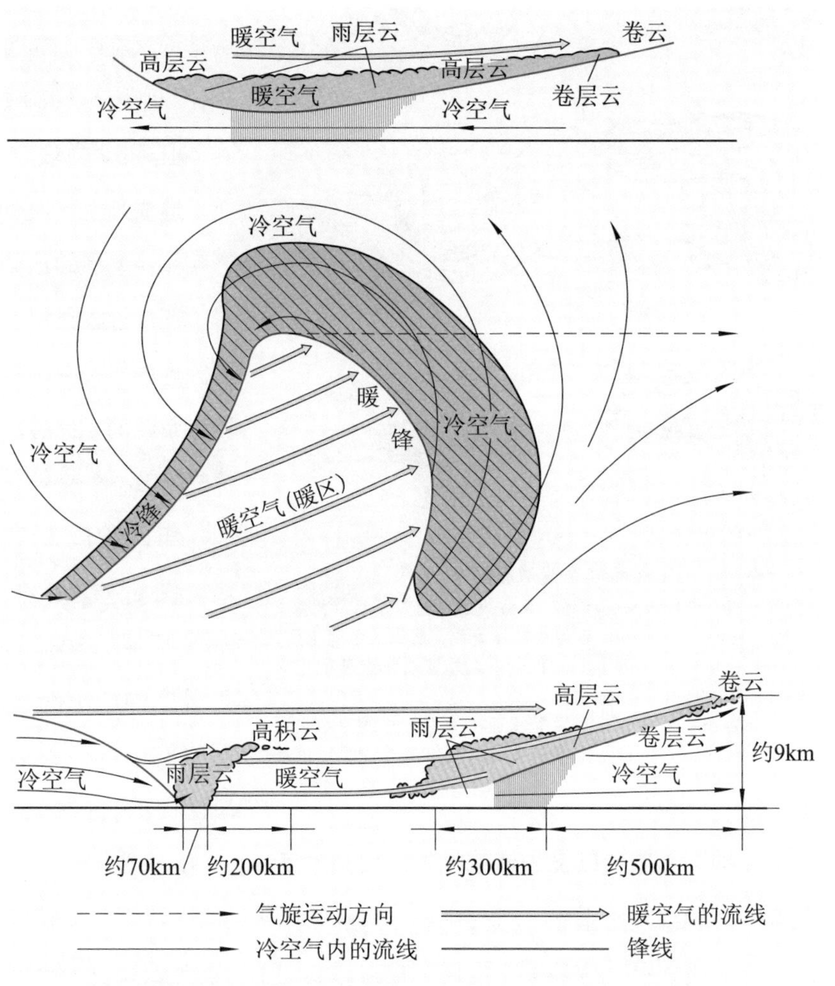

上图和下图分别表示气旋中心以北和以南(穿过暖区)剖面上的云系和空气运动状况,剖面的取向与气旋运动方向一致

皮耶克尼斯和索尔贝格的锋面气旋模型

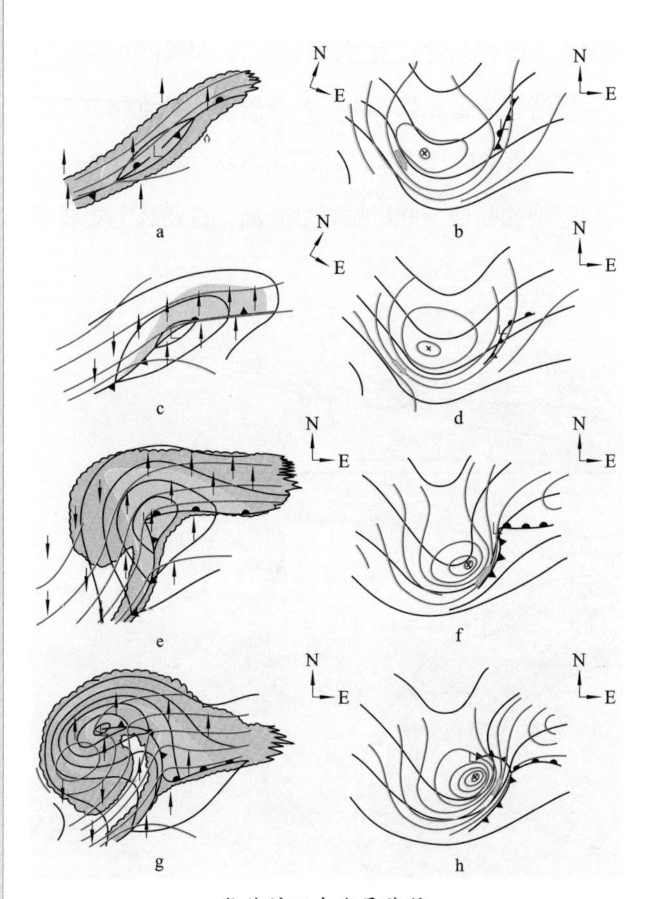

气旋的四个发展阶段

左侧图为四个阶段的地面模型，黑线表示地面等压线（间隔4百帕），红线表示1000～500百帕的等厚度线，阴影表示降水区，箭头表示700百帕的垂直运动方向和大小，外围波状线表示从卫星云图看到的云区范围。

右侧图为四个阶段的500百帕等压面上模型，黑线为500百帕上等高线，红线为500百帕上等涡度线，粗箭头为500百帕最大地转风所在。

第三阶段为成熟阶段（图e、f）：在高空短波槽加强过程中，槽前西南地转气流加强使涡度中心移到槽前最大风速区左侧，到达地面冷锋后部或地面气旋中心的西南方向，又促使地面气旋加强，在斜压和动力联合作用下，造成高空和地面相互影响相互发展的正反馈过程。在此过程作用下，云区向地面气旋中心前方和西方及西南方扩展，沿冷锋的云带不断变窄。

第四阶段为锢囚阶段（图g、h）：在上一阶段后期，500百帕上正涡度中心不断接近地面气旋中心，到锢囚阶段已位于气旋中心上空，等厚度线和地面等压线以及500百帕等高线几乎重合，冷暖平流作用消失，高低空气旋中心轴线几乎垂直，气旋中心与暖区联系被切断，锋面变成锢囚锋而存在，气旋变成锢囚气旋而停止发展。在卫星云图上，逗点云系进一步向西向南扩展。由于得不到斜压发展的能量供给，摩擦损耗能量，最后气旋消亡。

[九、反气旋]

北（南）半球大气中水平气流呈顺（逆）时针旋转的大型涡旋。在等高面（等压面）上，具有闭合等压（等高）线，中心气压高于周围，故又称高气压。

反气旋水平尺度一般为1000千米（赤道反气旋）到5000千米以上，地面中心气压可达1030百帕以上。根据温压结构，可分为冷性反气旋（冷高压）和暖性反气旋（暖高压）。根据生成地区可分为极地反气旋、温带反气旋、副热带反气旋和赤道缓冲带反气旋。以垂直层次而分，冷性反气旋（如极地反气旋）多位于近地面，厚度浅薄，暖性反气旋（如副热带高压）厚度可从地面扩展到对流层高层。此外，还有存在于对流层中高层的中纬度阻塞高压以及夏季南亚高空反气旋。

反气旋中心地区一般为下沉气流区，地面为辐散区，所以天气多晴好。反气旋边缘地区则经常有云雨发生。冬季影响中国的为冷性反气旋（西伯利亚或蒙古冷高压），在向南移动过程中，其前锋经过地区常有大风和雨雪，强的可达南海。接近反气旋中心时，风力渐减，天气转晴，温度显著下降或发生寒潮。夏季影响中国的是西太平洋副热带反气旋（高压）。

冷高压 多形成于冰雪覆盖的中纬度和高纬度地区。由于静力学关系，冷高压随高度增加而减弱，到高空变为冷低压，所以冷高压是一种浅薄的天气系统，平均厚度不到3千米，只出现在对流层下部。极地高压和中纬移动性高压，属于冷高压。在北半球，冷高压冷季多形成于西伯利亚和加拿大地区，暖季多形成于北极地区。冷高压常位于高空低压槽的后部，由于那里质量辐合，使地面高压得以维持或加强。冷高压常受高空气流的牵引而移动。在高空低压槽后部西北气流的牵引下整个冷高压系统南下或分裂成几个冷高压（1～3个）南下，强的就造成寒潮。在南下过程中，由于下沉运动以及和较暖的下垫面接触，冷高压逐渐变暖；再由于高层质量辐合量减小等原因，冷高压逐渐减弱，最后并入副热带高压。

暖高压 它是随高度增加而加强的一种深厚的天气系统，可从对流层下层一

直伸展到对流层顶或更高的层次，多发生在中纬度和高纬度的高空以及热带、副热带地区。副热带高压即是一种大型深厚的暖高压系统，具有稳定而持久的特点。阻塞高压是对流层中部和上部西风带里的暖高压，它的位置也较稳定。赤道高压主要存在于赤道附近的低空大气中，也是暖性的。

[十、锋]

两个温度或密度不同的气团间狭窄的过渡界面。在此界面上温度、湿度和风等水平梯度最大。锋面长度从数百千米至数千千米，宽度在近地面约数十千米。锋面向上是倾斜的，坡度一般为1/100，向上向冷气团方向倾斜（亦即冷气团在下，暖气团在上），锋的厚度约1千米，可延伸到对流层顶。锋面与一个水平面或垂直剖面的相交区域，气象要素梯度最大，称为锋区，在地面则称为锋线。

20世纪20年代挪威学派在研究温带气旋的结构和发生时，提出了锋的概念，他们在锋面结构、特征、分类及其与天气的关系等方面的研究对天气学发展作出了很大贡献。

结构和特征　锋面坡度公式。20世纪初，在锋面还未发现以前，奥地利M.马古列斯就曾经指出，在旋转坐标系中，温度不同的气团之间的界面两侧，只要存在着风的气旋式切变，就能够处于平衡状态。在这种状态下，界面与水平面形成的夹角 ▯ 的表达式为

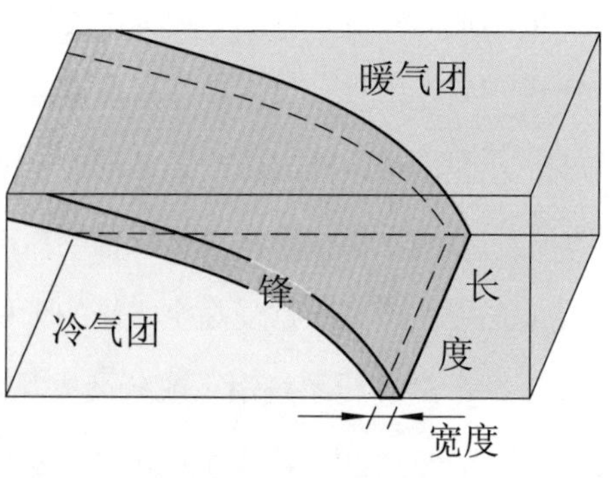

锋的空间状态示意图

$$\mathrm{tg}\,\alpha = \frac{2\omega\sin\phi\,\overline{T}\left(u_g^{'} - u_g\right)}{g\left(T^{'} - T\right)}$$

式中 T'、u'_g 和 T、u_g 分别为锋面两侧暖、冷空气的温度和与锋面平行的地转风的速度；$\overline{T}$ 为冷、暖空气的平均温度；ω 为地球自转角速度；ϕ 为纬度；g 为重力加速度。这就是著名的马古列斯公式，当锋面发现后，又称之为锋面坡度公式。按这个公式计算所得的数值，和实际锋面的坡度近似。

热力特征 锋区内的水平温度梯度比锋区两侧的单一气团内的梯度大得多。在等压面图上的等温线密集处即为锋区。由于暖空气斜盖在冷空气上，使锋区内的铅直温度梯度比其两侧气团内小得多，有时甚至出现温度随高度增加而增加的逆温现象。如果空气比较干燥，锋面和密集的等位温面几乎平行；如果空气比较潮湿，它和密集的等假相当位温面近于平行。锋区的这些特征都说明锋面是大气斜压性集中带，是大气位能的积蓄区。

风场和气压场 根据马古列斯公式，要维持大气中锋面的存在，其两侧的风（风速或风向）应作气旋式切变。近地面层的大气，由于摩擦作用，风向和风速的气旋式切变都很明显。根据地转近似关系，锋处于气压场的槽区。锋面的风场和气压场的这种特征在近地面层特别明显。在对流层中部和上部，锋区常处于等压面上高度槽的前部，故只表现出风速的气旋式切变。由于锋面的水平温度梯度很大，按热成风关系，锋面内风的铅直切变也很大。

分类 锋常按地理位置和气团移动方向分类。

按地理位置分为 3 类。①冰洋锋指北冰洋气团和极地气团之间的锋。②极锋指极地气团和热带气团之间的锋，它可从地面伸展至整个对流层。③副热带锋为中纬度气团和热带气团之间的锋，仅出现在对流层的中部和上部。极锋和副热带锋，都有一支高空西风急流相伴。

按气团移动方向分为 4 类。①暖锋指暖气团向冷气团一方推移的锋。②冷锋指冷气团向暖气团一方推移的锋。冷锋因推移速度不同，又分为第一型（慢速）冷锋和第二型（快速）冷锋两种。③静止锋指移动很缓慢呈准静止状态的锋。

④锢囚锋。通常冷锋比暖锋移动快，当冷锋赶上暖锋时，两锋之间的暖空气被迫向上抬升，冷锋后的冷气团与暖锋前的冷气团相接形成的锋称为锢囚锋。锢囚锋还可细分为暖式锢囚锋和冷式锢囚锋，这两者是视锢囚锋后的冷空气较锋前的冷空气暖还是冷而定。有时因受地形影响，两条冷锋相向而行，当其接触时也可形成锢囚锋，特称为地形锢囚锋。

此外，按暖空气的运动状况，又把锋分为上滑锋和下滑锋两类：当暖空气沿锋面上滑时，这种锋称为上滑锋；当锋面上的暖空气沿锋面下滑，同锋前的暖气流在地面锋的位置处辐合而引起上升运动时，这种锋称为下滑锋。暖锋和第一型冷锋一般属上滑锋，第二型冷锋属下滑锋。

锋面的天气 各类锋面有其特有的天气。①暖锋坡度较小，约为 1/150。其典型的云序为卷云、卷层云、高层云，地面锋线附近为雨层云，在高层云处开始降水，多为连续性降水。如暖空气不稳定，暖锋上也可出现积雨云等对流性天气。在中国，暖锋较为少见。②第一型冷锋的坡度约为 1/100，其天气和暖锋天气相似，只是云雨次序和暖锋相反。在东亚，这种冷锋一般由西北向东南移动，是影响中国天气的重要天气系统之一。冬季的冷锋一般较强，影响范围较大，有时可达南海；而夏季冷锋较弱，影响范围较小，一般只达到黄河流域。③第二型冷锋坡度较大，约为 1/70，它在近地面层处有时近于垂直或前倾。在地面锋前，多为对流性天气，有时伴有飑线，可产生冰雹、龙卷等剧烈天气。但因锋面的云系受到多种因素的影响，特别是受地形的影响更大，故在多山的中国，锋面的云系常常和典型特征相差较远。第二型冷锋在中国较少，春季见于长江流域，秋季见于

积雨云

黄河流域。④静止锋的天气和第一型冷锋相似，唯云雨范围比较宽广，在中国华南的南岭一带和云贵高原地区，较为常见。由于冷锋南下后受地形阻挡而呈准静止状态，可停留十天或半月之久，造成阴雨连绵的天气。⑤锢囚锋兼有冷、暖锋的天气特征。典型的锢囚锋在中国虽不多见，但在西北、华北、华东等地区，冬半年常出现地形锢囚锋。

锋生和锋消 锋生指锋的生成或加强的过程；锋消指锋的消失或减弱的过程。当某些物理过程使空气的水平温度梯度沿着一条线附近迅速加大时，可以说这条线附近有锋生。反之，即为锋消。

按运动学观点，水平运动、铅直运动和非绝热过程，都可造成锋生或锋消，其中尤以水平运动最为有效。有温湿特性不同的气流辐合时容易出现锋生；如果气流辐散则容易出现锋消。变形流场较有利于锋生，它不仅能使等温线沿流出轴密集，而且还能使等温线旋转，渐趋与流出轴平行。这种单纯的变形场，相当于气压场上十字形交叉对称排列的两个低压和两个高压之间的鞍形场。但更有利于锋生的气压场，是两个低压槽都比较深的鞍形场，实际的锋生都在低压槽的槽线附近。

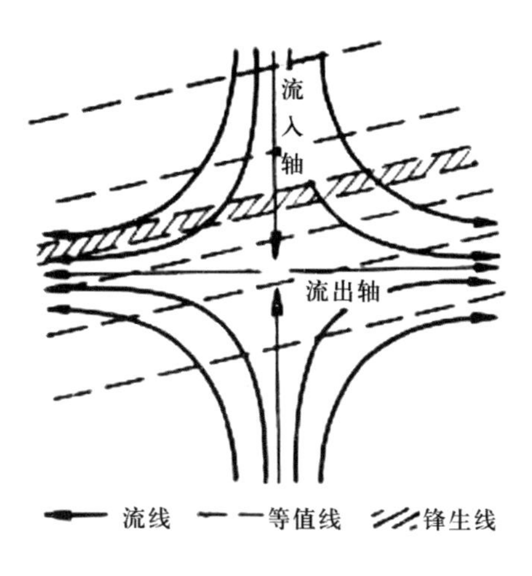

变形场下的锋生过程

当水平变形场使等温线沿着流出轴密集时，水平温度梯度增大，这是由暖空气一侧增温，冷空气一侧降温造成的。在增温的地区，高层升压，低层降压；在降温的地区则相反。因此在高层产生了附加的指向冷空气的气压梯度力，使空气由暖区流向冷区，反之，在低层则由冷区流向暖区，这使高层和低层的锋生进一步加强。同时，为了补偿，暖空气一侧产生了上升运动，冷空气一侧则下沉，在锋面附近产生了铅直环流。这种环流使低层冷锋后部的风速加大，锋前暖湿气流的凝结过程加快，因此锋生能使锋面附近的云雨天气加剧。在中层，由于暖空气中水汽大量凝结而释放潜热，锋生也得到进一步加强。锋消的动力效应与之相反，因而锋消区云雨天气消散，天气转好。

影响中国的冷锋可分为两种类型：第一类冷锋为先出现对流云，雨区在锋面和其后的300千米范围内，可出现连续的大范围降水，这类冷锋一般较强，冬季可影响到南海，夏季影响到黄河流域。第二类冷锋坡度较大，地面锋前就出现对流性天气，有时伴有飑线、龙卷和冷雹等剧烈天气，这类冷锋春季多见于长江流域而秋季则多见于黄河流域。暖锋来临时经常先出现高云，地面锋线经过前后常出现连续性降水，暖锋在中国较为少见。静止锋天气和第一类冷锋相似，冬季冷空气南下后受南岭和云贵高原阻挡而呈准静止状态，可停留十天或半个月以上，造成这些地区的连绵降雨天气。

[十一、台风]

发生于西北太平洋和南海最大风速大于或等于32.7米/秒（风力12级）的热带气旋，是热带气旋中发展最强烈的一种。发生于大西洋和东太平洋的强烈热带气旋称为飓风。台风是暖中心低压系统，中心气压一般低于990百帕，强台风则低于900百帕以下。

2003年9月中国“风云”1号气象卫星传回的台风云图

台风结构 台风可以分为4个区域：①外云带区。台风外围基本气流上生成的旋入台风的云带，北侧由东向西旋入，而南侧由西向东旋入。外云带对早期台风发展起很大作用，输入水汽到热带气旋内部提供发展的背景条件。②内云带区。台风内部旋向中心的螺旋云带区，2003年9月中国“风云”1号气象卫星传回的台风云图中显示台风北侧的内云带明显地分为5条。内云带由积雨云组成，云中出现大阵雨，两个内云带之间常为淡积云。此区内垂直方向可分低空流入层（1～3千米以下）、高空流出层（8～10千米以上）和中间上升气流层（1～10千米附近）。按角动量守恒原理，卷入气流越向台风内部旋进，切向风速也越大，在离台风中心一定距离处，压力梯度力同离心力和科里奥利力达到平衡，气流不再旋进，于是大量潮湿空气被迫上升，形成环绕中心的高耸云墙。③云墙区。云墙区由发展强烈的积雨云组成，云顶可高达19千米。台风中最大风速带常发生在云墙内侧（宽约8～30千米），最大风速常达60～70米/秒，个别的达100米/秒。最大暴雨区也发生在云墙区，所以云墙区是台风中最大的狂风暴雨发生区，也是最大灾害地带。由于云墙内水汽大量上升凝结，释放的凝结潜热增暖了空气柱，使地面气压急剧下降。云墙区的上升气流达到高空后，由于气压梯度减弱，压力梯度力、离心力和科里奥利力3个力间不平衡，大量空气被迫向外抛出，形成流出层，只有小部分空气流入中心地区而下沉，形

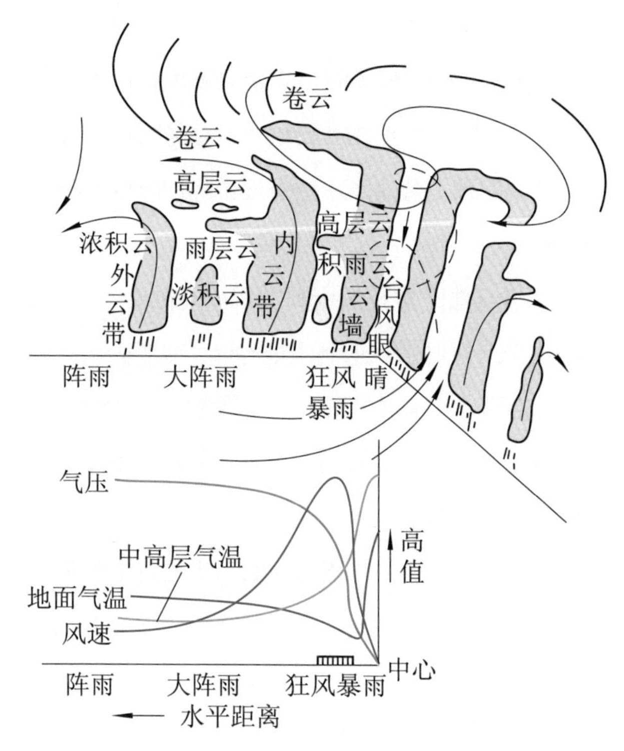

台风结构示意图

成台风眼。④台风眼区。台风眼位于台风中心气流下沉区，天气晴朗。台风眼的半径一般为 10 ～ 70 千米。在台风眼内，风速突然减小，气压和气温回升，但最暖处在对流层上层约 250 百帕处。台风眼也是台风和热带低压以及弱的热带风暴之间主要区别。台风降水由外云带阵性降水、内云带强阵性降水和云墙区暴雨三部分组成。

台风登陆区常发生大风暴雨。登陆台湾省新寮的一次台风在 3 天内降水达 2749 毫米。登陆台风遇到山地谷口，暴雨强度会明显加强。台风若在海洋大潮期间登陆会引发近海风暴潮，造成沿海极大的生命财产损失。

形成条件 一般认为，必须具备以下条件才能形成台风：①存在一个广阔的暖性洋面，海温高于 26 ～ 27℃，这样才能使海洋上的大气经常处于高温高湿状态，形成中低层大气层结不稳定。②当地的科里奥利参数要大于一定数值以保证初生的气旋性环流不致减弱，一般要离开赤道约 5 个纬度才有可能发生台风。③基本气流垂直切变要小，才能使凝结潜热集中到一个有限区间的垂直气柱内增暖而形成暖中心。④低空有较稳定的辐合流场和高空有较稳定的辐散流场，才容易产生初始扰动并有利于台风发展。在西北太平洋的热带辐合带中，南侧的西南季风和北侧东北气流形成的辐合区经常形成初始扰动并得以发展成台风，西北太平洋台风约 80%以上发生在这种基本流场上。此外，东风波或高空反气旋前部移动到低空辐合带上空时，也有可能诱发低空扰动的发展。在暖季，西北太平洋最容易满足以上条件，所以是台风发生最多的地区，每年约占全球总发生个数 36%（约每年 28.7 个），其次的发生地有北太平洋东部（16%）、北大西洋（11%）、南太平洋（11%）、南印度洋（13%）、孟加拉湾（10%）和阿拉伯海（3%）。西北太平洋台风源地又相对集中于菲律宾以东的洋面、关岛附近洋面和南海中部。

以上 4 个条件是必要条件，从热带扰动发展到台风还需要满足适合台风发展的物理过程。1964 年美国气象学家 J.G. 查尼等提出了“第二类条件不稳定（CISK）”机制，较好地解释了热带气旋发展机制。这个机制可简述如下：一个弱的热带涡旋，可以通过边界层摩擦作用造成边界层以下大气的大量湿热空气辐合，通过边界层向上输送形成积云对流，在对流层中上层凝结而释放潜热，大气温度升高，使地面气压降低，更引起低空辐合加强，气旋性环流加强，使低压迅速加强成为热带风暴或台风。这个机制虽已得到很多学者支持，但还存在不少问题，如台风的早期中心经常不在对流云区而在辐合带北侧的晴空区；其次，这个机制的发生需要一个弱热带气旋，它们又是如何生成的？

台风路径　北太平洋西部台风移动路径大致有3条：①偏西路径。台风进入南海后继续西移或在广东和福建登陆。②西偏北路径。先向西偏北移动，然后在福建、浙江或江苏南部登陆。③转向路径。先偏西行，然后在海上转向偏北，再偏东而呈抛物线形。

台风移动路径随季节而不同，夏季多西偏北路径，其他季节则以偏西和转向为主。台风路径主要由热带气旋的科里奥利力以及台风内力、引导气流和周围天气系统相互作用决定，也和洋面上海温分布有关，是十分复杂的，有多种疑难路径，如打转和蛇行路径、突然东折和西折以及双台风互旋等。

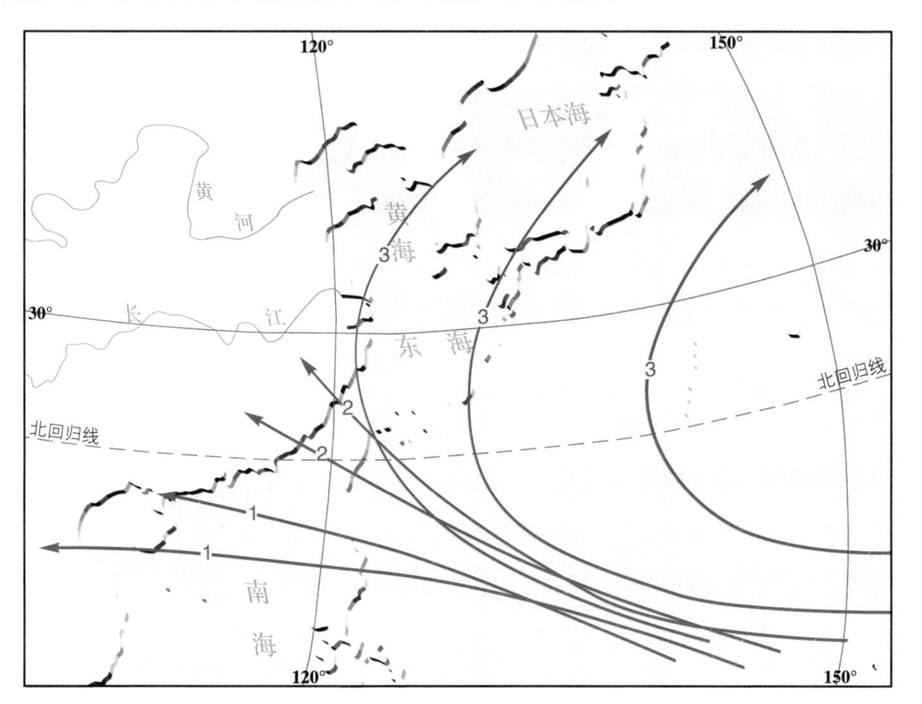

北太平洋西部台风路径示意图

［十二、低空急流］

存在于对流层下部距地面1000～4000米的一支低空的强风带。在北半球风向偏南。中心风速一般大于12米/秒，最大可达30米/秒。20世纪50年代初，在北美落基山东侧首次发现，以后在东亚及西欧等地又陆续观测到。其中以落基山的低空急流最为强大而稳定。由于低空急流同暴雨、冰雹、龙卷等强对流天气有密切关系，因而日益受到重视。

特征 低空急流的流程长短不一，长的可达数千千米，短的仅有数百千米，北半球的低空急流一般为偏南或西南气流，出现在副热带高压的西侧或北侧边缘。当有台风在副热带高压西南侧发生和发展时，也可出现东南向的低空急流。低空急流的风速，有明显的超地转特征，即实际风速大于地转风速，一般超过20%，在强风速中心附近往往超过一倍以上。低空急流区域水平温度分布比较均匀。低空急流的左侧为主要上升运动区，右侧为下沉运动区，在急流附近构成一铅直环流。落基山低空急流的强度还具有明显的日变化，清晨最强，下午最弱。

作用 低空急流的气流多来自热带洋面上，因此它往往起着输送低空大气的热量、水汽和动量的作用。当它将暖湿空气向北输送到较干较冷空气的下方时，就形成了对流性不稳定的层结，在低空急流左侧上升运动的触发下，容易产生暴雨、冰雹等对流性降水，甚至出现龙卷天气。在中国，有人发现台风登陆后出现的持续性暴雨，也多和东南风低空急流不断输送水汽有关。中国和日本的暴雨大都出现在低空急流轴线左侧200千米之内。低空急流的下方及右侧暴雨极少。北美中西部的夜雷雨、冰雹都和低空急流有关系。在60年代末期发现的北非东岸的越赤道气流也是低空急流的一种，它同印度季风的强弱有密切的关系。低空

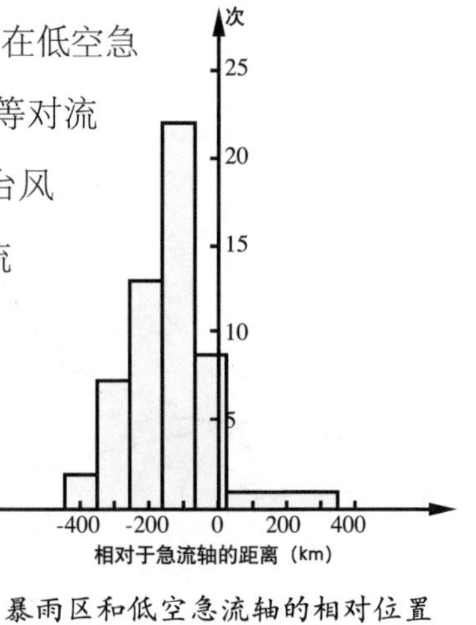

暴雨区和低空急流轴的相对位置

正值表示暴雨区在急流轴的右侧，负值表示暴雨区在急流轴的左侧。

急流除和夏季强降水有关外，和冬季的强降水也有密切的关联。

形成 一般认为，落基山低空急流的形成和地形有关。从大西洋上副热带高压南侧吹来的低空偏东气流，受墨西哥高原的阻挡而折向，沿落基山东侧向北运动，再因科里奥利力随纬度的变化，遂形成落基山低空急流。索马里低空急流的形成与此类似，是越赤道气流受东非高原及科里奥利力的共同作用产生偏转而成的。东亚低空急流则常是在副热带高压西侧或北侧有低压槽、切变线或低涡逼近时形成的。当产生暴雨后，急流左侧水汽凝结释放潜热，对低空急流也有加强作用。此外，在暴雨区由于对流使高空气流的动量下传，也能形成尺度较小的低空急流。

[十三、热带云团]

存在于热带地区由大量对流云所组成的直径在 4 ～ 10 个纬度距离（简称纬距）范围内的云区。这种云团是从卫星云图上发现的。云团所经过的地区，常发生大风和暴雨，并能发展成东风波、台风等热带天气系统。它是近年来人们所注意的热带天气系统之一。

从全球范围看，云团有 3 种类型 : ①“爆玉米花状”云团。尺度比较小，是由一些水平尺度为 50 千米 ×50 千米的积雨云群所组成。每个积雨云群又由约 10 个积雨云单体组成。这类云团多出现在南美大陆的热带地区和中国西藏的南部地区，有明显的日变化。②普通云团。水平直径在 4 个纬距以上，常发生于热带辐合带中。发生在西北太平洋地区的云团，常沿热带辐合带西移，即使未发展成台风，当它在中国的华东、华南地区登陆时，也能造成暴雨天气。③季风云团。它和西南季风活动有密切联系，发生于热带的印度洋和东南亚，南北宽达 10 个纬距，东西长达 20 ～ 40 个经距，冬季约位于北纬 5° ～ 10°，自 6 月中旬开始，随季风的推进，爆发似地向北发展，到 8 月份，可推进到北纬 20° ～ 30°。从这种云团中常产生的季风低压，有时能发展成孟加拉湾风暴，自孟加拉湾侵入印度东北部、孟加拉和缅甸，造成该地区的特大暴雨，有时也可影响中国的西藏、云南等地的天气。

热带云团的尺度差别较大，有中尺度的和小尺度的，也有中间尺度的和天气尺度的。云团本身由尺度为 10 ～ 100 千米、生命期为数小时到一天的中对流云系，和尺度为 4 ～ 10 千米、生命期为 30 分钟到数小时的小对流云系（即积雨云塔）所组成。中对流云系在铅直方向一般可分三层：①流入层。在大气边界层内，通过边界层气流的摩擦辐合，把水汽由边界层顶向上输送入铅直运动层。②铅直运动层。水汽在此凝结，释放大量潜热，使对流云更加发展。③流出层。在铅直运动层之上，厚度约一千米的向外辐散的卷云层，辐散气流在云外下沉，使云内云外形成一个对流性环流圈。小对流云系在一个云团内的数量，大大超过中对流云系。这种中小对流云系在随盛行风移动过程中（移速小于风速），常在上风侧形成而在下风侧消亡，不断新陈代谢。但在温度较高的海面上常保持不动，有时还会发生云系堆积的现象而出现暴雨。

[十四、切变线]

呈气旋式转变的两股方向不同的水平气流的分界线，在等压面图上表现为风向的一条不连续线。虽然从流场角度看，热带辐合带、锋、飑线等天气系统也都具有切变线的特性，但在天气学中，切变线一般指低空 850 百帕或 700 百帕等压面上的天气尺度天气系统。在切变线上经常存在气流的水平辐合和上升运动，容易产生云雨天气。

东亚地区，特别是中国，暖季的 850 百帕或 700 百帕等压面图上，常出现近于东西向的切变线，它大多是在低压槽变窄、槽线由南北向转为东西向过程中，槽前的西南气流和槽后东北气流非常逼近的情况下形成的。西南气流一部分来自中国沿海，一部分来自孟加拉湾，是潮湿的热力不稳定气流；东北气流来源于已经变性的极地空气。在切变线南侧常产生一条与其平行的雨带。在切变线上，常有范围达几百千米的低涡东移。相应于低涡的移动，常有暴雨中心东移。这种切变线一般很稳定，能在一地区维持 5 ～ 7 天。每逢梅雨时期，切变线常在江淮流域活动，随着盛夏来临，又稳定在淮黄之间，是中国暖季重要的降水天气系统。夏季青藏高原中部 500 百帕等压面上，也常出现稳定的东西向切变线，其上也有低涡活动，是造成高原夏季降水的重要天气系统。

[十五、切断低压]

对流层中部和上部的冷性气旋。中纬度高空冷性西风槽快速向南发展时，冷槽南部冷空气受暖空气切断而与北方大槽脱离，在大槽南方形成一个孤立的闭合冷性低压，称为切断低压。

切断低压水平尺度常为数百至数千千米，在卫星云图上有明显的旋向中心的孤立云系。切断低压可由冷性大槽发展或由其西侧暖性高压北伸而发生。切断低压常生成在对流层中高层，生成时地面常为冷性高压，发展后由于气旋性涡度下传而地面出现弱气旋环流。切断低压东部经常有上升气流而有降水，西部有下沉气流而天气晴好。中国只有东北地区在春末夏初时发生的高空冷涡与切断低压相似，引起雷阵雨天气。

[十六、阻塞高压]

中纬度和高纬度地区大气对流层中部和上部深厚的暖高压，属大型长波系统，是由长波波幅增大而形成的含有闭合高压中心的准静止的长波脊。由于它很少移动，持续时间又比较长，阻碍着上游西风气流和天气系统的东移，故称阻塞高压。

阻塞高压主要出现在北半球，其形成过程是当西风带长波槽和脊的经向度变大，暖脊向北伸展到很高的纬度地区，且两侧冷槽往南伸到较低的纬度地区时，暖脊被冷空气包围，与南面的暖空气主体分离，出现孤立的暖区，从而形成闭合高压区。阻塞高压常和切断低压相伴出现。南伸的冷槽被暖空气切断，出现孤立的冷堆，形成闭合低压区，即切断低压。

由于这种闭合高压区和低压区的存在,阻挡着西风带中的波动向下游传递，西风急流常有明显的分支现象，一支由南绕过，一支由北绕过。西风急流上的短波或地面气旋，也随着基本气流分别由南、由北绕过，或在上游消失。阻塞高压的建立和崩溃常常伴随着一次大范围甚至半球范围的环流型的剧烈转变。它的建立，标志着纬向环流向经向环流的转变；它的持续，标志经向环流处于强盛阶段；它的崩溃，标志着经向环流向纬向环流的转变。因此，研究阻塞高压对了解环流型的转变、冷暖空气的活动和天气预报具有重要的实际意义。

绕极环流示意图

细线表示500百帕等压面上的等高线，粗线表示500百帕等压面上的极锋线。

阻塞高压常呈准静止状态，移动缓慢，有时甚至西退。阻塞高压维持的时间平均为5～7天，有时可达20天以上。所在地区往往形成持续的单一天气：东部多为持久的晴朗天气；西部多为降水天气。阻塞高压常发生在暖空气很活跃、冷空气也较强的地区和季节，因此它有明显的地区性和季节性。最常出现在北大西洋东北部和北太平洋阿拉斯加地区，以春、秋季最多。乌拉尔山和鄂霍次克海也常有阻塞高压，它们大多由北部的高压演变而成，强度不大，但对中国的天气影响很大。当它们稳定维持时，中国南方多连阴雨天气；当乌拉尔山阻塞高压减弱崩溃时，常引起中国的寒潮爆发。

[十七、超长波]

地球大气中时间和空间尺度最大的一类波动。它通常沿纬圈绕地球一周的波数为 1 ～ 3 个，其特征波长和地球半径同量级（10^4 千米）。

在 200 百帕以上的等压面图上，可清楚看出超长波的活动；而在对流层中，如 500 百帕等压面图上，由于各种不同波长的大气波动相互叠加，只有通过波谱分析，才能确定其存在。

按照超长波的时空尺度，其罗斯比数 $Ro \approx 10^{-2}$，这种波动更接近准地转平衡条件。在超长波的动力学模式中，涡度方程可简化为

$$fD+\beta v=0$$

式中 f 为科里奥利参数；D 为散度；β 为罗斯比参数；v 为大气水平运动速度。该式表示：对于超长波尺度的运动，散度作用和 β 项是准平衡的，从而具有准定常的性质。

在实际大气中，超长波受到大地形、海陆冷热源和长波能量反馈的控制，它在一定的地理区域内呈准定常状态，这同移动性的大气长波形成鲜明的对照。超长波可作为半球范围内环流形势的重要背景之一，中期和长期天气演变过程与超长波有着密切的联系。

[十八、长波]

对流层的中部和上部西风带大气环流中波长为 3000 ～ 8000 千米的波动。

它是当西风气流发生南北扰动时，由科里奥利力随纬度变化的效应而产生的。

长波的生命期约一周，是西风带上大尺度的扰动，属行星尺度的一种天气系统，又称行星波或罗斯比波。自从 20 世纪 20 年代无线电探空仪应用于高空气象探测后，人们就发现了高空环绕极地运动的西风带及其上的波动，1937 年 J. 皮耶克尼斯首次辨认出作为半球现象的长波，1939 年 C.-G.A. 罗斯比从理论上对长波的特性进行了研究，并建立了长波理论。这个理论为后来数值天气预报的发展奠定了基础。长波的发生、发展、移动和变化，对天气尺度系统（如气旋、锋等）的强弱、移向和移速，以及未来天气的变化，都有十分重要的作用。因此，它是天气形势预报研究的重要系统之一。

特征 长波具有槽区冷、脊区暖的结构。在高空等压面图上，温度波和高度波的位相相近。长波的强度随高度而增加，在对流层顶最强。发展中的长波，其温度波往往稍落后于高度波，位相一般落后将近四分之一波长。长波脊后面有暖平流，长波槽后面则有冷平流，这是造成长波槽和脊发展的主要原因。由于长波是频散波，在西风带上游，长波的能量以大于波动移动的速度传到下游，因此，可利用这个特征预报上游长波向下游发展的位置和强度。当长波槽和脊强烈发展时，振幅不断加大，长波脊中出现的高压中心有时从脊中切离出来而形成阻塞高压。

长波和短波之间可以互相转化。当温度场和气压场配置适当时（槽后有冷平流，脊后有暖平流），短波可以逐渐发展成长波；反之，长波可减弱并分裂成短波，然后东移而消失。

移速 对流层的中上层，长波的波速 c 按罗斯比长波理论为

$$c=\bar{u}-\beta\lambda^2/4\pi^2$$

式中 $\bar{u}$ 为基本纬向风速；$\beta=2\omega cos\phi/R_E$ 为罗斯比参数；λ 为波长；R_E 为地球半径；ω 为地球自转角速度；ϕ 为纬度。上式表明：①西风越强，长波移速越快，但移速总是小于西风风速。②在一定的西风风速下，长波的波长越长，移动速度越慢；波长越短，移速越快。③当西风风速和长波的波长达一定数值时，可使 $c=0$，这

时长波停滞，称为静止波，此时的波长称静止波长或临界波长；当波长大于静止波长时，$c<0$，长波向西移动，出现倒退现象。④在波长和西风风速相同的情况下，纬度较高（β 值小）的长波移速较快，纬度较低（β 值大）的长波移速较慢。

与大气环流和气旋的关系 长波槽和脊在维持大气环流方面，起着重要的作用。真正呈正弦波式的长波槽和脊是极其少见的。在槽和脊发展初期，槽线和脊线的走向大多呈东北—西南向。在槽和脊发展的同时，强西风中心（急流中心）一般由槽后移至槽前。由于槽前西南风远强于槽后西北风，有利于将低纬盈余的角动量输送到中纬度和高纬度地区，以维持中纬和高纬地区的西风角动量。同时，由于槽前有暖平流、槽后有冷平流，有利于将热量由低纬输送到高纬，以维持全球热量平衡。因此，长波槽和脊的活动，是维持大气环流的一种重要机制。

冬季北半球绕极西风环流中，一般有 4 ～ 5 个长波。长波槽与地面气旋族之间的典型关系，可用理想化的长波流型和低空环流系统配合的概略图表示。气旋族位于长波的槽前脊后，每个气旋又和高空大气短波相对应。从图中可见叠加在长波上的短波扰动。由于它们的波长短，移速比长波快，所以同短波对应的地面气旋，相对于长波是向前移动的，大体上受长波流型的气流所牵引。由于长波同地面气旋和锋面的关系如此密切，所以长波移动和流型变化的预报，对天气预报有重要的意义。

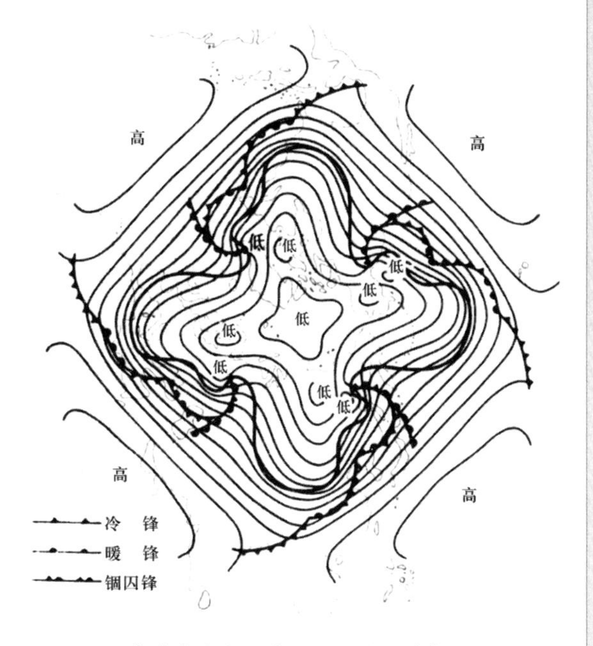

北半球高空和低空环流系统配合概略图

细线表示 500 百帕等压面上的等高线，粗线表示 500 百帕等压面上的急流轴，还绘有对应各气旋族的地面锋线。

[十九、副热带高压]

位于南北半球 20° ～ 30° 纬度带地区的高压系统。20° ～ 30° 纬度地区是哈得来经圈环流和费雷尔经圈环流下沉气流区，在对流层中低层形成一条高压带，通常称为副热带高压带。

在此高压带上，强度分布是不均匀的，在北半球太平洋和大西洋，南半球太平洋、大西洋和印度洋上存在高压中心，并为反气旋环流，称为副热带高压。在北半球太平洋上的高压称为北太平洋副热带高压，此高压经常分裂为两个单体，在太平洋西部称为北半球西太平洋副热带高压，简称西太平洋副高，是夏季影响中国天气的主要天气系统。

西太平洋副热带高压 西太平洋副热带高压中下层以辐散气流为主，呈反气旋环流和下沉气流。在夏季，西太平洋副热带高压西部脊区经常伸入中国大陆。在脊区因高温下沉，经常造成高温干旱天气。因高压西部偏南气流从海洋带来暖湿空气，到高压北侧转变成偏西风并与北方冷空气相遇，形成一个副热带性质的雨带，在中国和日本称为梅雨带。而在高压南侧，因反气旋南侧的偏东风与更南侧的西南季风汇合，形成热带性质的热带辐合带雨带（如 7 月中国华南后汛期雨带），在此雨带上常在海洋地区形成台风，影响中国。

西太平洋副热带高压随季节而在东亚南北移动，并且移动具有跳跃性。气象学家经常以其脊线（东西风分界线）作为位置指标。在东亚地区，平均而言，5 月份脊线位于北纬 15° 附近，主要雨带位于华南。6 月中旬脊线北跳到北纬 20° ～ 25°，稳定达一个月，中国长江淮河流域出现梅雨带。7 月中旬，脊线再次北跳并越过北纬 25°，中国华北地区进入雨季，与此同时，长江流域由副热带高压控制为干旱高温区，华南出现副热带高压南侧的热带雨带，进入汛期。7 月底到 8 月初，副热带高压脊线达到一年中最北位置。8 月中旬，副热带高压突然迅速南撤，中国全国先后进入晴朗天气。

副热带高压的南北移动常有很大的年际异常，由此造成中国各地的旱涝。西

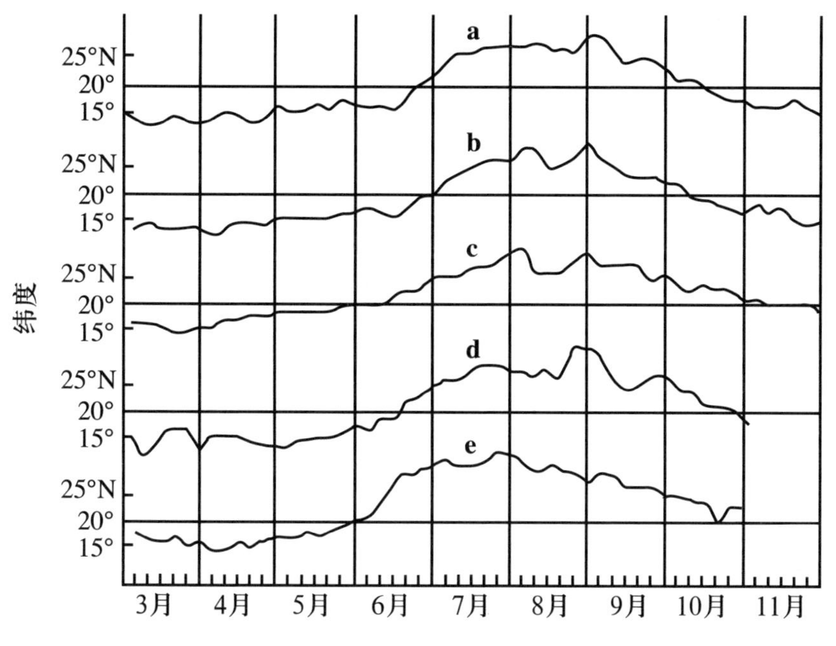

北半球500百帕等压面上副热带高压脊线位置的逐侯变化

a 中国青藏高原地区，东经 70° ～ 100°（1954 ～ 1959）；b 中国平原地区，东经 100° ～ 120°（1954 ～ 1959）；c 西太平洋地区，东经 130° ～ 160°（1949 ～ 1959）；d 西大西洋地区，西经 70° ～ 50°（1949 ～ 1952、1956）；e 北美大陆地区，西经 110° ～ 80°（1949 ～ 1952、1956）

太平洋副热带高压西伸东撤和季节性南北跳动是影响中国夏季旱涝发生的主要天气学原因，因此是东亚地区十分重要的天气系统。

青藏高压和墨西哥高压 每逢暖季，在亚洲和北美洲南部的对流层高层，存在着另外两个大型暖高压系统，分别称为青藏高压（或南亚高压）和墨西哥高压。青藏高压的水平尺度可达万千米以上，属超长波系统。这两个高压虽然都位于副热带地区，但从结构、性质和形成过程来看，和大洋上对流层中低层的副热带高压很不相同，它们主要是高原或大陆的加热作用形成的。这种系统，在500百帕等压面以下为热低压，在500百帕以上才为高压，而且越往上高压强度越大，在200 ～ 100百帕高度，强度最大。其高压中心区为上升气流，多对流活动。这些高压中心常作东西向摆动，当其东摆时，与大洋西部的副热带高压脊叠加，使后者加强。北半球大洋上副热带高压的强度，夏季强于冬季，和这些高压的存在及其作用有密切的关系。

[二十、热带辐合带]

南北两半球低层信风气流汇合地带的总称。又称赤道辐合带。由于这个汇合区的气压比两侧低，所以又称赤道槽。它是热带地区重要天气系统。由于气流辐合，在热带辐合带上布满积雨云塔组成的云团，并且几乎环绕地球。下图是由三个图组成的整个地球的卫星云图，图的中间（即赤道附近地区）围绕地球有一条明显的云带，这就是热带辐合带。

卫星云图显示的热带辐合带（左图为季风辐合带云带，由许多热带云团组成，中、右两图主要为信风辐合带云带）

热带辐合带有两种类型：一种是另一半球的信风直接越过赤道与出现辐合带的半球中信风汇合，称为信风辐合带，这种辐合带经常出现在赤道附近；另一种是出现辐合带的半球其信风位置比较偏北，另一半球来的信风越赤道后受科里奥利力的影响而转变为西南风，再与该半球的信风汇合，这种辐合带称为季风辐合带。在北半球夏季，来自南半球的东南信风与北半球的东北信风汇合而形成信风辐合带，出现在自东太平洋直到非洲大陆。由于气流均为偏东风，切变辐合弱，对流云带也比较弱而窄。北半球夏季自阿拉伯海经南海到西太平洋，越赤道气流已转向为西南季风而与北侧信风汇合，便为季风辐合带。由于这类辐合带两侧气流反相，因而辐合强，所以季风辐合带中对流云团发展旺盛，许多强烈的热带天气系统如台风等，大都发生于这类辐合带中。

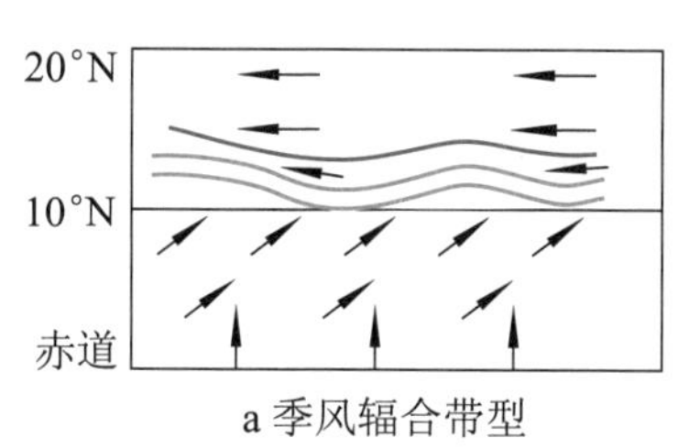

a 季风辐合带型

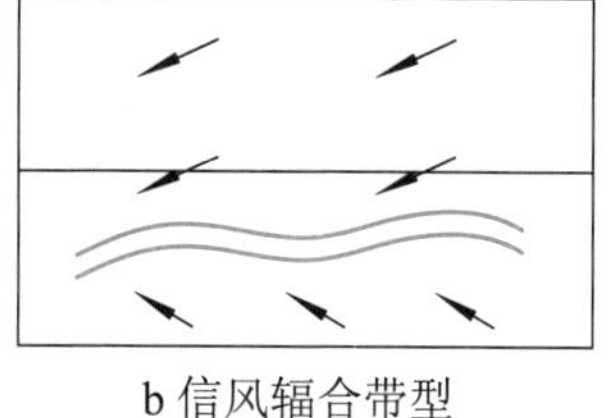
b 信风辐合带型

—— 热带气旋发生的典型位置
═ 热带辐合带的位置

热带辐合带的风场分布

热带辐合带有明显的季节变化。对季风辐合带，北半球夏季（7 月）的平均最北位置可以到达 20°N 以北。而在南半球夏季（1 月），季风辐合带平均位于 10°S。信风辐合带冬夏几乎都在北半球，1 月在赤道附近，7 月在 5° ～ 10°N。自气象卫星云图出现后，发现南北半球赤道附近经常存在各自的云带，因而提出存在双辐合带。这种现象在太平洋中部十分明显，其原因尚不清楚。

季风辐合带上风的辐合强，辐合区产生大范围上升气流，通过水汽凝结释放热量，使对流层中上层变暖，并且出现大量降水。根据水汽收支计算平均月降水量在 600 ～ 700 毫米。在风切变较大地区形成热带扰动而发展成热带风暴和台风。绝大多数西太平洋台风发生于季风辐合带中。所以季风辐合带是热带地区主要的大气热源所在，其热量输送到中高纬度，补充该地区大气热量的丧失，所以季风辐合带也是地球上主要的能源供给系统。在季风辐合带中上升的气流到达高空后便分为两支，一支向北在副热带地区下沉，到达地面后转变为偏东风向南吹，组成哈得来径向环流；另一支向南在 10° ～ 20°S 处下沉，然后流向北半球，组成季风地区特有的季风经圈环流。信风辐合带由于气流辐合不强，云带较窄，对流也较弱，其上发生的风暴或飓风也比季风辐合带要少。

热带辐合带形成的天气过程常为：①西太平洋副热带高压北跳西伸，使辐合带加强并西伸到南海；②索马里低空越赤道气流加强，使阿拉伯海赤道西风加强和西南季风加强，南亚地区热带辐合带加强；③热带的准双周和准 30 ～ 60 天低频振荡等各种准周期活动的叠合，可使辐合带形成和加强。

[二十一、季风]

大范围盛行的、风向随季节有显著变化的风系。通常用季风指数来定量地判断季风的强弱和稳定的程度。

“季风”一词来自阿拉伯语“mawsim”，即季节的意思。早在 15 世纪末，阿拉伯水手们在北印度洋的贸易航线上，发现了风随季节反向的现象。中国在宋代的时候，著名文学家苏轼已在其“舶艄风”一词中记述了季风现象。世界上季风明显的地区，主要有南亚、东亚、非洲中部和澳大利亚北部，其中以印度季风和东亚季风最著名。

成因 最早把季风当作一个科学问题来研究的是英国学者 E. 哈雷（1686）。经典的季风成因学说认为，由于海陆间热效应的季节性差异，导致其地面气压差的季节变化：冬季陆地比海洋冷，大陆上为冷高压，故近地面空气自陆地吹向海洋；夏季陆地比海洋暖，大陆上为热低压，故近地面空气自海洋吹向陆地。

随着高空气象资料的增多，从 20 世纪 50 年代以来，人们对季风的概念有了不同的认识。有人认为太阳辐射加热的季节变化，既可使海陆有冬夏的热力差异，形成经典概念的季风，也可使地球上的东、西风行星风系发生季节性的南北移动，从而形成行星季风。70 年代以来的研究指出，大地形也是季风形成的一个极为重要的因子。

气候 有季风的地区，都可出现雨季和旱季等季风气候。夏季时吹向大陆的风，将湿润的海洋空气输进内陆，它往往在那里被迫上升成云致雨，形成雨季；冬季风自大陆吹向海洋，空气干燥，伴以下沉，天气晴好，形成旱季。例如，南亚次大陆和中印半岛，夏季属于典型的西南季风区，在那里每年5～6月为雨季，季风爆发，雨量骤然增加。到了10～11月，因为夏季环流急剧转变为冬季环流，东北季风逐渐取代西南季风，从而进入旱季。但即使在夏季，由于各年季风强度不同，持续时间不同，出现正常和反常的差别，因此各年降水也不同，有时可形成旱或涝。地处中国西南边境的西藏南部和云南大部分地区，夏季也属于西南季风气候区，雨季降水量约占全年总降水量的80％以上。中国东部的夏季风可以是东南风或西南风，源地有三个：西北太平洋热带洋面气流、孟加拉气流及南半球越赤道气流。

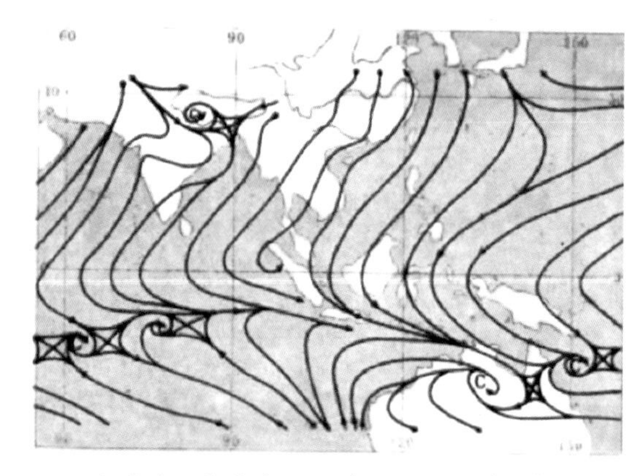

1月地面平均流线图（c气旋环流中心）

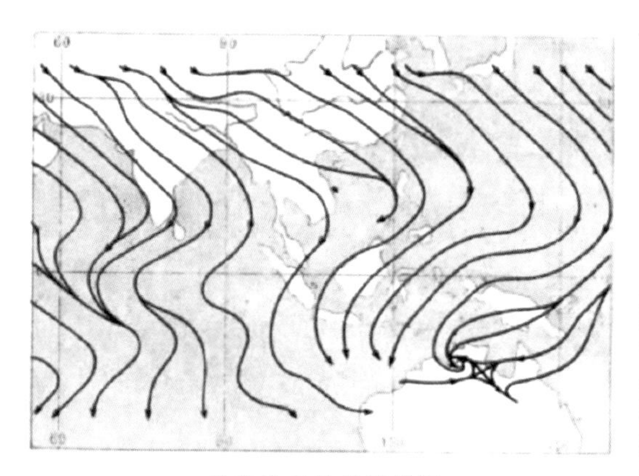

7月地面平均流线图

由于季风活动影响着全球1/4面积和全世界1/2人口的生活，因此从20世纪60年代以来，先后组织了规模不同的国际性季风综合观测试验。此外，季风环流的数值试验方法，已逐渐被广泛采用，这对于深入了解季风的形成和维持的机制，具有重要的理论意义。

[二十二、气团]

物理属性（温度、湿度和静力稳定度等）比较均匀的范围空气块。其水平范围由数千米到数千千米，垂直范围由几千米到十几千米。

20世纪20年代，瑞典气象学家T.H.P.伯杰龙最早提出气团的概念，他在气团分类和气团天气两方面，做了大量的研究工作，对天气学的发展起了相当重要的作用。

形成 气团的形成和变性同许多热力和动力过程有关。例如，大气和地表面之间，不断地进行着热量交换和水分交换；大气内部的热量和水分，也都不断地作内部调节。一个地区，只有具备了下列两个条件，才能成为气团的发源地：①广大地区下垫面的物理性质（干湿、冷暖、雪盖和土壤状况等）比较均匀；②有一个能使空气的物理属性在水平方向均匀化的环流场。一般在稳定的反气旋环流存在的条件下，气流的辐散对气团的形成最为有利。在具备这两个条件的地区空气停留的时间越长，越容易形成气团。

分类 按气团的热力性质不同，可划分为冷气团（比其所经下垫面冷）和暖气团（比其所经下垫面暖）；按湿度特征的差异，可分为干气团和湿气团；按其静力稳定度的区别，可分为稳定气团和不稳定气团；按气团的发源地带，可分为极地气团和热带气团两类，它们由极锋和极锋急流分隔开。再按发源地带的海陆差别，这些气团还可划分为一些副类。在北半球的主要气团有：

①北冰洋气团。形成于北冰洋，空气极寒且干燥。

②极地气团。形成于除北极的北冰洋以外的中、高纬度地区，比较寒冷，其中形成于大陆上的有极地大陆气团、西伯利亚气团；形成于海洋上的有极地海洋气团。有时难以将后者和北冰洋气团相区别。

③热带气团。形成于热带、副热带的暖气团。其中形成于大陆上的，称为热带大陆气团；形成于海洋上的，称为热带海洋气团。

④赤道气团。形成于赤道海洋上，既热又很潮湿，有时难以将它和热带海洋

气团相区别。

气团在近地面层，大多与高压区或反气旋环流相联系。例如，西伯利亚气团常与冷高压相联系，热带海洋气团常与副热带高压相联系。由于冬、夏太阳辐射的条件不同，下垫面的热状况也不同，所以同类的气团在不同季节也有差异。

变性 气团离开源地后，受到沿途下垫面性质的影响，基本属性不断改变。气团属性的变化，或其改变过程统称为气团变性，这种属性改变的气团称为变性气团，气团变性的过程往往也是新气团形成的过程。气团变性的物理过程主要有四种：

①辐射过程。大气和下垫面之间的辐射热的传递，是气团形成和变性的重要因子。在冰雪覆盖的下垫面上，由于雪面对太阳短波辐射的反射率大，雪面本身放射长波辐射的能力也很强，因而温度很低，通过辐射过程使低层大气很快冷却。这种过程有利于北冰洋和极地气团的形成。特别是在极夜期间更是如此。

②湍流热交换。较冷的气团移至暖和的地表之后，因贴地层受热而使低层大气不稳定，通过湍流热交换，将贴地层大气所得的热量，传递到较高层次，使气团变暖。例如，西伯利亚气团南移到暖洋面上后，这种过程对其变性起很大的作用。

③湍流输送水汽。气团里的水分主要由下垫面蒸发的水汽通过湍流输送而得。极地大陆气团移到热带洋面上，由于湍流传递热量和水分，逐步地变为热带海洋气团。

④大范围铅直运动。气团内部的大范围铅直运动也可使气团变性。在层结稳定的条件下，气团在绝热上升时冷却，下沉时增暖。冬季极地大陆气团向中、低纬度运动时，因气流辐散常伴有大规模下沉运动，很容易变暖。

实际的气团变性过程不是单一的，往往是几种过程同时发生并相互影响的，因此气团变性的问题很复杂。它是天气学研究中的重要问题。

中国境内的气团，多属变性气团。每逢冬季，常有伴随着冷高压的极地大陆（变性）气团侵入。被这种气团所控制的地区，天气大都干燥而寒冷。夏季时，极地大陆（变性）气团的势力较弱，只在长江以北和西北地区活动。夏季侵入长江以南的主要是湿而热的赤道气团和热带海洋气团。这两种气团的活动以及它们和极地大陆气团间的锋面的强弱和移动，基本上决定了中国雨带的南北移动和降水的分布。

活动 就北半球而言，冰洋气团一般发生于北纬 65° 以北，终年冰雪覆盖的极地地区及其附近洋面，其特征通常是气温低、天气晴朗、气层非常稳定。冰洋大陆气团和冰洋海洋气团性质相似，但后者可从洋面获得热量和水分。

极地大陆气团在北纬 45° ～ 65° 的北半球中纬度大陆上形成，如亚洲的西伯利亚和北美洲的加拿大、阿拉斯加一带，夏季形成的位置偏北，冬季偏南。这种气团全年都很活跃。冬季极地大陆气团的特性和冰洋气团相似，夏季由于大陆增暖，气团稳定度变小。

极地海洋气团多数由极地大陆气团移至海洋上变性而成，其特性是比极地大陆气团温度高、湿度大、稳定度小。

热带大陆气团其平均位置大致在北纬 35° 附近，夏季形成在大陆副热带地区，其特征是热而干燥，晴朗少云。

热带海洋气团主要形成于太平洋和大西洋的副热带海域以及南中国海一带。这种气团无论冬夏，其低层都比较暖湿而不稳定，但在中层常常出现下沉逆温层，气层稳定。逆温层以上则比较干燥。所以，虽然气团低层潮湿而不稳定，但一般天气较好，仅在沿海陆地对流旺盛时才产生积云。

积云

赤道气团形成于赤道附近的洋面上，是一种湿热的气团，气层不稳定，天气闷热，多雷阵雨。

影响中国的气团，大多数是其他地区移来的变性气团。冬季主要是来自西伯利亚和蒙古一带的极地大陆（变性）气团，以及主要来自副热带太平洋、印度洋或南海海面上的热带海洋气团。中国大部分地区都能受到西伯利亚气团的影响，这种气团控制的地区，天气寒冷而干燥。夏季影响中国的气团，除热带太平洋气团和极地大陆（变性）气团外，还有热带大陆气团、赤道气团，东北地区还能受到极地海洋气团的影响。来自太平洋、南海和印度洋的热带海洋气团是夏季影响中国的主要气团。它们带来丰沛的水汽，当它们刚到中国西南、华南和东南沿海时，因锋面和地形抬升作用常出现雷暴等不稳定天气。当热带太平洋气团持续控制时，因受中层下沉逆温影响，反而出现高温无云的天气。夏季，极地大陆（变性）气团一般只能影响中国长城以北和西北地区，有时也能影响到长江流域或更南的地区，它的南下是形成中国大量降水的一个重要原因。春秋季主要是受变性西伯利亚气团和热带太平洋气团影响。春季，变性西伯利亚气团不断北退，热带太平洋气团逐渐影响中国大部分地区。春季在这两种气团交绥影响下，常形成中国多变的天气。入秋后，变性西伯利亚气团不断南侵，热带太平洋气团则向东南方海上退缩，在冷暖气团交绥地区造成秋雨，雨过后地面为冷气团控制，天气转凉。

[二十三、热带气旋]

生成于热带海洋具有气旋性环流的暖心低压涡旋。水平尺度一般为数百千米，垂直高度约10千米，伸展到对流层高层。热带气旋的涡旋气流自外向内加强，在气旋内部发生狂风、暴雨和巨浪，是地球上最强烈的自然灾害之一。

1989年世界气象组织依据气旋内发生的最大风速，把热带气旋分为四类：①热带低压。最大风速10.8～17.1米/秒（风力6～7级）。②热带风暴。最大风速17.2～24.4米/秒（风力8～9级）。③强热带风暴。最大风速24.5～32.6米/秒（风力10～11级）。④台风或飓风。最大风速≥32.7米/秒（风力12级以上）。

热带气旋结构随发展强度而有很大不同。热带低压除了有气旋环流外还可有闭合等压线，在气象卫星云图上常有密蔽弧状云区并经常和热带辐合带云带相连或位于其北侧，在旋向内部气流较强时可出现完整的向中心旋入的积云线。低压内水汽充沛并有较强的上升运动，所以有较强烈的天气，登陆时也会发生暴雨。热带低压在环境条件合适时有10%可继续发展成热带风暴或台风。当强度达到热带风暴或强热带风暴时，在气旋的中心区天气反而变为晴朗并有下沉气流，风速变小，称为“台风眼”。

全球热带海洋几乎都能发生热带气旋。依世界气象组织技术报告统计，在1968～1989年，全球海洋上强度大于热带风暴级的热带气旋每年平均发生86.6个，其中以西北太平洋最多（25.7个），其次为南印度洋（17.3个），东北太平洋（16.5个），北大西洋（11.6个），澳大利亚—西南太平洋（9.0个）和北印度洋（6.5个）。热带气旋发生个数有很大年际变化，如西太平洋最多年份发生35个，而最少年份为17个。

热带低压发生一般与热带辐合带风的切变有关。在西北太平洋，热带气旋发生时其中心常位于辐合带北侧晴空区，发生后随副热带高压南侧的东风气流向西移动，一般生命期为数天，若西移过程中环境条件合适发展成热带风暴或台风，则生命期达数天或一星期以上。

第三章　羡慕四季如春吗

[一、热带雨林气候]

赤道南北常年高温、潮湿和多雨的气候。南北两个半球的信风气流在这里汇合，地面风力一般微弱，湿润而不稳定的赤道气团全年控制着这个地带，宜于多种植物生长。具有热带雨林气候特征的地区有：亚洲的印度半岛西南沿海、中南半岛西海岸、马来半岛、大巽他群岛、菲律宾群岛和新几内亚岛、非洲的几内亚湾和刚果河流域、南美洲的亚马孙河流域以及和它们毗连的海洋。

上述地区的太阳辐射年变化小，并由于太阳在一年内的春分、秋分前后两次通过天顶，所以气象要素的年变化都具有双峰型的特点。一年内各月平均气温在24～28℃变化，年较差一般不超过5℃，尤其是大洋上，通常不超过1℃。气温日变化比年变化大，日较差可达10～15℃。但日最高气温很少超过35℃，日最低气温很少低于20℃。全年湿度较高，就亚马孙河下游而言，相对湿度年平均达

南美洲热带雨林景观

90%以上。降水充沛，多伴有雷雨。年降水量达 1500 ～ 3000 毫米，山地最多达 6000 毫米以上，如非洲喀麦隆火山山麓代本贾的年降水量达 9470 毫米。降水的季节分配比较均匀，但个别地区仍有显著差别，如非洲刚果河流域比亚洲和南美洲的热带雨林气候更显示了大陆性。有的地方雨量较少，如加蓬的利伯维尔从 10 月至次年 5 月期间，月雨量 200 ～ 300 毫米，而 6、7 月每月仅 5 毫米。另外，在大洋上也会出现干旱少雨地区，如太平洋上的莫尔登岛（4°N，155°W）年降水量仅 730 毫米。具有热带雨林气候的高山地区，气温较低，但其年变化仍很小。这些地区，从山麓到山顶，可以出现热带雨林到终年积雪的气候，呈现出类似从赤道到极地的各种自然景观的垂直分布。

[二、地中海型气候]

夏季炎热干燥，冬季温和多雨的气候。大致分布于南纬和北纬 30° ～ 40° 的大陆西岸，即欧亚非三洲之间的地中海地区、北美洲的加利福尼亚沿岸、南美洲的智利中部、非洲南部的开普敦地区和澳大利亚南缘和西南沿岸。这种气候以地中海沿岸最为典型，且因该地区的文化发展较早，这一特征又是最先从地中海了解到的，故名。

地中海型气候地区，夏季因副热带高压作用，干燥炎热，夏半年降水只占全年降水的 20%～40%，而夏季不足 10%。冬季，西风带气旋活动频繁，降水丰富，温和湿润。冬季降水最多的月份，降水量至少三倍于夏季降水最少的月份。例如，罗马 7 月的平均气温 24.7℃，1 月平均气温 6.8℃，平均年降水量 830 毫米，其中 10 月至次年 3 月为 560 毫米。全年 10 月降水最多，为 126 毫米，7 月最少，为 15 毫米。地中海型气候使得这些地区的河流冬涨夏枯，植被具有旱生结构，油橄榄即为其典型植物。

远眺开普敦

[三、极地气候]

北冰洋与环绕极地的亚洲、欧洲、北美洲大陆边缘地区和南极洲大陆及其环绕洋面地区的气候。其主要特点是终年低温，树木不能生长。北半球可以把树木生长的北限作为极地气候的南界。

北极大部为大陆环绕的永冻水域。冬半年极夜期间，由于下垫面的终日长波辐射，导致强烈冷却。夏半年极昼期间，虽从太阳辐射获得热量，但主要消耗于融化冰雪，故气温仍低。只有在大陆边缘的部分地区，夏季气温可达0℃以上，但仍在10℃以下。这些地区可生长苔藓一类的低等植物，故又称为苔原气候。北极的其余部分，气温终年在0℃以下，称作冻原气候或永冻气候。在极夜期，1～3月的气温几乎相等，在年变化曲线上呈现平底形的低谷。整个地区的全年气温在-40℃（冬季）到0℃（夏季）之间变化，其中以靠近大西洋的欧洲北极地区最暖和（如挪威的格林港，3月为-19℃，7月为5℃，平均年降水量320毫米），其他极地区域1月平均气温都低于-30℃。北极地区降水虽少，但因云量多，蒸发弱，陆地上容易形成沼泽。

南极洲风光

南极洲高原常年被深厚的冰雪所覆盖，是全球最冷的大陆，为冻原气候。极地高压笼罩整个大陆，除有限地区外，年辐射差额均为负值，形成酷寒低湿的气候特点。在沿海和南极圈附近，年平均气温约为 -10℃，内陆地区低达 -50 ～ -60℃。在东方站曾观测到 -88.3℃（1960 年 8 月 24 日）的极端最低气温。全大陆年降水量自沿海向内陆剧减，平均约为 120 毫米。南极地区气旋活动主要发生在大陆四周的洋面上，只有在大陆西侧的部分地区，气旋才得以深入内陆。自大陆中央流出的气流，在沿海地区年平均风速达到 15 ～ 20 米 / 秒。由于终年冰冻严寒，除科学考察队外，南极洲至今没有人定居。

[四、高原气候]

在高原条件下形成的气候。全球中纬度和低纬度地区的著名高原有中国的青藏高原、云贵高原、内蒙古高原和黄土高原，美国西部高原，南美玻利维亚高原和东非高原等。由于它们的地理位置、海陆环境、海拔高度和高原形态上的差异，气候也各不相同。其中青藏高原平均高度 3000 米以上，面积又较大，高原气候的特点更为突出。

高原气候的主要特点如下：

太阳辐射强而辐射差额小。由于海拔高度高，大气层厚度薄，空气密度低，水汽和大气气溶胶含量小，因此高原地区的太阳直接辐射强度大，其中紫外辐射强度的增加尤为显著。以青藏高原为例，大部分地区的年总辐射量在 180 千卡 / 厘米 ^{2} 以上，比中国东部平原地区高出约 1 倍。但在高原积雪地区，因反射率大而使地面吸收的辐射量减少，又由于水汽含量少而使有效辐射增大，因此辐射差额比同纬度的平原小。

气温日变化显著。大部分高原地区的地面温度日较差比同纬度的平原大 1 ～ 2 倍。例如，青藏高原的昌都，1 月和 7 月的气温日较差分别为 18.7℃和 14.4℃，而成都则为 5.4℃和 7.0℃。此外，高原上的向阳面和背阴面的气温也相差悬殊。广大隆起的高原，在白昼或夏季强烈增暖，往往成为一个热源，甚至部分地区在

青藏高原

冬季也是如此。例如，青藏高原中部，每年除 12 月和 1 月外，其他各月都是热源。青藏高原在 7 月份供给大气的热量达 5～6 千卡 /（厘米 ^{2} · 月）。低纬度高原上，夏季气温不高，冬季也不寒冷，四季如春。如云贵高原的昆明，海拔 1893 米，1 月平均气温 9.3℃，7 月平均 20.2℃，和同纬度的桂林相比，1 月高 0.7℃，7 月低 8.2℃，故被誉为“春城”。其他如东非高原和墨西哥高原，都具有类似的特点。

高原降水受位置和地形影响大。一般在迎湿润气流的高原边缘是多雨带，而高原内部和背湿润气流一面雨量较少。例如，青藏高原南麓印度的乞拉朋齐，平均年降水量达 11429 毫米，而高原腹地和西沿、北沿的降水量却很少，一般在 100 毫米以下。青藏高原除上述气候特征外，还具有光照强，风力大，多大风、雷暴和冰雹等气候特点。

[五、海洋性气候]

海洋邻近区域的气候，如海岛或盛行风来自海洋的大陆部分地区的气候。

与大陆性气候相比，海洋性气候主要特点是：气温的年变化和日变化小，极值温度出现的时间迟；降水量的季节分配较均匀，降水日数多，强度小；云雾频数多，湿度高。如在温度年变化方面，春季冷于秋季，最暖月出现在 8 月，甚至延至 9 月（如美国旧金山），最冷月为 2 月，在高纬度地区推迟到 3 月。人们通常把西北欧沿海地区作为大陆上海洋性气候的典型。

[六、大陆性气候]

处于中纬度大陆腹地的气候。在大陆内部，海洋的影响很弱，大陆性显著。内陆沙漠是典型的大陆性气候地区。草原和沙漠是典型的大陆性气候自然景观。

大陆性气候最显著的特征是气温年较差和日较差很大。在气温的年变化中，最暖月和最冷月分别出现在 7 月和 1 月（南半球分别在 1 月和 7 月）。春季升温快，秋季降温也快，一般春温高于秋温。在日变化中，最高温度出现的时间早，通常在 13 ～ 14 时，最低气温一般出现在拂晓前后。大陆性气候的另一重要特征是降水量少，且降水季节和地区分布不均匀。大陆性气候影响下的地区，一般为干旱和半干旱地区，年降水量一般不到 400 毫米，甚至在 50 毫米以下。

[七、沙漠气候]

沙漠地区的大陆性气候。主要特点是空气干燥，终年少雨或几乎无雨，气温日变化剧烈，日较差可达50℃以上。地面最高温度可高达60～80℃，而夜间冷却得很快。除有灌溉条件的少量绿洲外，沙漠地区只能有耐干旱的植物群落生存，其他植物几乎绝迹，甚至成为流沙或荒漠。沙漠气候大致可分为热带沙漠气候和中纬度沙漠气候两类。

热带沙漠气候主要分布在南北纬20°左右的大陆西侧。夏季炎热，冬季不冷。由于这种地区长期处于副热带高压控制之下，盛行下沉气流，大气层结稳定，在其西侧沿海地区又常受冷洋流的影响，更增加了大气的稳定度，抑制了对流的发展，故降水稀少。由于降水量远小于蒸发量，水分长期入不敷出，形成了干燥的沙漠气候，如撒哈拉沙漠、澳大利亚西部和秘鲁等地区的气候。

中纬度沙漠气候主要分布于大陆的中腹地。因远离海洋，湿润气流难以到达，形成了极端大陆性气候。夏季炎热，冬季寒冷，气温日较差和年较差都几乎是全球的极大值。降水极少甚至终年无雨。例如，中国新疆的塔克拉玛干沙漠和中亚的卡拉库姆沙漠，都是典型的中纬度沙漠气候区。

按照柯本气候分类，沙漠气候总面积约占全球大陆面积的12%。在沙漠气候条件下，日照时间长，昼夜温差大，在有灌溉条件的沙漠绿洲，农业可获高产，且具有利用太阳能的条件。因此，在全球人口迅速增加，可开垦地又有限的情况下，利用沙漠地区的气候资源问题，已经引起了科学界的重视。

[八、季风气候]

主要受季风支配地区的气候。主要特征是冬干夏湿。夏季一般受海洋气流的影响，冬季主要受大陆气流的影响，在盛行风向发生季节性转变的同时，云、雨和天气系统等都随着发生明显的变化。伴随夏季风的来临，云量增多，湿度加大，雨量猛增，这时进入了雨季。冬季风来临，则云量减少，湿度变小，雨量剧减，这时转为旱季。

季风气候最显著的地区是亚洲南部和东南部、非洲中部和西部、澳大利亚北部等，统称为亚澳季风系统。印度、中南半岛等地为南亚季风气候区，其特点是雨季和旱季的对比异常显著，而夏季风和冬季风期间的气温差异不大。例如，印度孟买平均年降水量为1878毫米，其中95%的降水量集中在6～9月；气温年较差只有5.8℃。中国东部的广大地区，则处于东亚季风气候区，其雨季和旱季降水量的对比，远不如南亚季风气候区显著，但冬夏的温差很大。

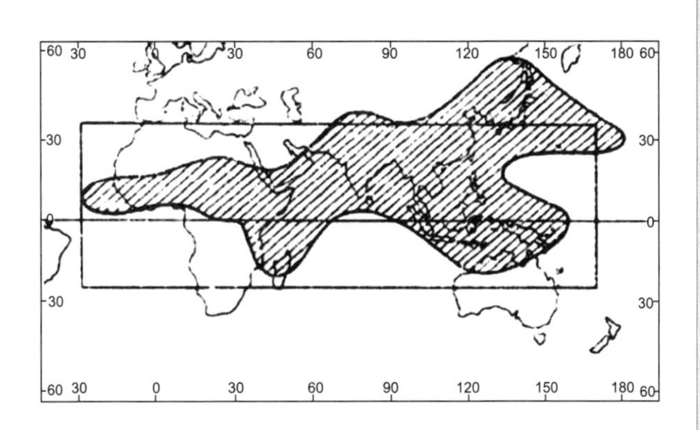

季风区概略图

斜线区域是C.Π.赫罗莫夫定义的季风区，矩形区域是C.S.拉梅奇定义的季风区域。

缅甸种水稻的妇女

例如，上海平均年降水量1139毫米，其中6～9月的降水量占52%，其余8个月合占48%，但从11月至次年2月的4个月中，降水量只占全年总降水量的17%，仍然显示夏雨冬干的季风特征；气温年较差为23.8℃。又如北京，平均年降水量为623毫米，冬季因受大陆冷高压的强烈影响，降水稀少，从11月至次年2月，降水量仅占全年总降水量的4%，而夏季6～8月的降水量却占全年总降水量的74%；气温年较差达30.8℃。

由于季风气候"雨热同季"的特征，对农业生产，尤其对水稻一类高产粮食作物更为有利，所以南亚、东南亚、中国、朝鲜半岛和日本等地都是水稻集中产区。但由于夏季风和冬季风更替的时间和强度等年际变化很大，所以这些地区易遭受水旱灾害。

[九、中国的气候]

中国气候类型多种多样。东半部具有大范围的季风气候，即冬季盛行大陆季风，寒冷干燥；夏季盛行海洋季风，湿热多雨。青藏高原海拔高，面积大，形成独特的高寒气候。西北地区则因僻处内陆，为海洋季风势力所不及，具有西风带内陆干旱气候。

1. 影响中国气候的主要因素

影响中国气候最主要的因素是地理纬度和太阳辐射、海陆位置和洋流、地形及大气环流。这四者又是相互影响、相互制约的。

地理纬度和太阳辐射　中国领土南北延伸约 50 个纬度。由于纬度不同，正午太阳高度角和昼夜长短就有显著差别，因而导致太阳天文辐射南北各异。尤其是在冬季，南北的太阳辐射量的差值就特别大。夏季，白昼长度随纬度增高而加长，部分地补偿了太阳高度角上南北差异的影响，太阳天文辐射南北差异不大。但就全年平均状态而论，则为南多北少，其差值甚为显著。这是中国气温冬季南北差异大，夏季差异小，气候具有水平地带性差异的主要原因之一。受大气透明度和云量等的影响，中国年均日照时数以青藏高原和西北干旱区为最大，超过 3000 小时。四川盆地、贵州高原、江南丘陵及西藏东南察隅地区最小，约为 1000 ～ 2000 小时，其余广大地区多在 2000 ～ 3000 小时。

中国各地年太阳总辐射量分布形势与日照长短相对应，西藏高原最高，东部

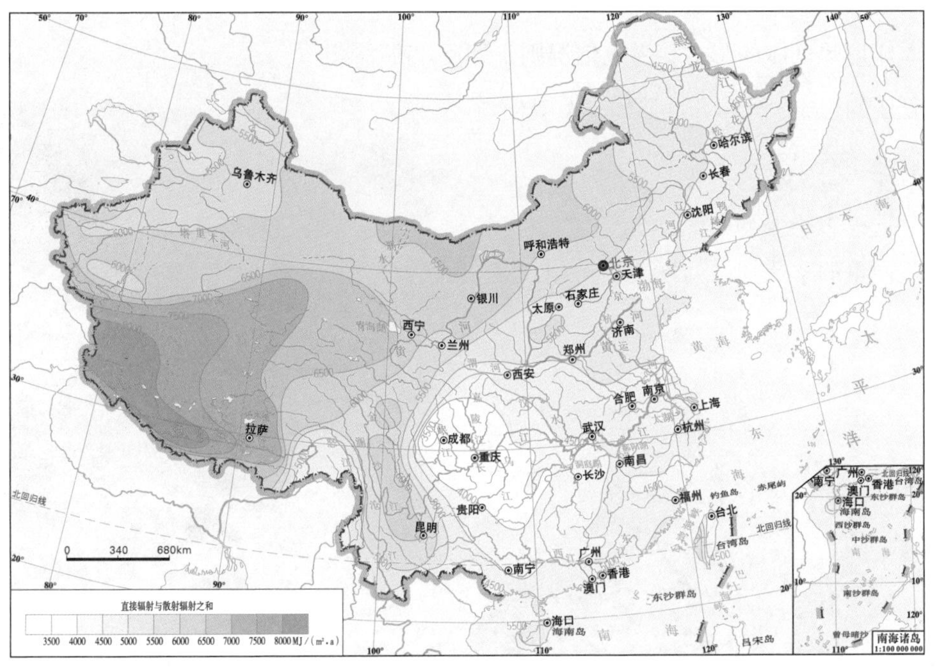

中国年太阳总辐射量图

地区最低值在川、黔。由此向东、向北又逐渐增加。各月总辐射量分布更复杂，最小值大多出现在 12 月～翌年 2 月，最大值出现时间受雨季影响很大，珠江、长江一带在主要雨季过后的 7 月，华北、东北分别在雨季前的 6 月及 5 月，西南地区则在季风雨季前的 3 ～ 4 月，进入雨季后仅在 7 月出现全年最低值。上述情况在一定程度上影响了各地气温的季节变化和由春入夏升温的速度。

中国各地辐射平衡值，除北纬 40° 以北地区冬季出现负值以外，大部分地区全年均为正值。年均辐射平衡值以海南岛为最大，川黔地区最小，西藏高原西部及东北和内蒙古北部、北疆一带亦小。

海陆位置和洋流 中国由于海陆物理性质不同所导致的下垫面热量状况的差异，表现突出。冬季大陆气温明显低于海洋，尤以高纬地区更甚。相反，夏季大陆易于增温，气温明显高于海洋，而非干旱的大陆和海洋亦均匀水汽源，低纬地区尤明显。在上述变化中，受地形和面积的影响，大陆的升降温都比海洋快，是变化的主导方面。海洋虽是稳定因素，但也与洋面性质和大小有关。东亚的地理位置导致了大陆上冬季强大干冷的蒙古高压和夏季印度热低压的形成。海上情况则正相反。高低压的生成、分布和性质的季节变化破坏了行星环流的带状分布规律，引起海陆间空气质量的季节变化和输送。因而欧亚非大陆是这种季节变化的最大中心，空气交换量约占全球的一半。亚洲大陆是海陆空气质量最大季节变化中心的核心，形成了东亚季风。

具体的海岸形式、走向和盛行风向的相对位置及距海远近等的差异造成各地局部气候差异。中国内陆地区常年得不到海洋气流的调节，气流的大陆性表现非常明显。南疆沙漠的形成除因高原影响外，亦与湿润气流很难到达有关。

中国沿海洋流有太平洋西部的黑潮暖流和自渤海南下至台湾海峡的沿岸流（寒流）。黑潮距中国海岸较远，冬季又盛行去岸风，对中国增温、增湿作用不大，但春夏对沿海气温和台风活动及梅雨的盈亏等有一定影响。沿岸流使近地面层空气稳定，利于海雾形成。中国沿海雾的季节变化受其影响很大。

地形　中国为多山国家，地形对中国气候影响颇大，尤为多种局地性差异形成的重要原因。

青藏高原对中国气候的影响最为明显，高原本身不仅通过对周围大气的直接加热和冷却作用，形成独特的高原寒冷气候，明显地破坏了气候按纬向呈地带性分布的一般规律，还通过和大气环流的相互作用，影响到周围地区的气候特征。高原的突出地形容易加强它南北两侧气流的东西成分和其东侧气流的南北成分，能引起 5000 米以下西风气流的绕流、分支和汇合，直接对中国东部气候季节变化和雨带位置起着制约作用，还对南北气流和水分交换起阻碍和扰动作用。因此，冬季，青藏高原有利于北侧蒙古冷空气的积累加强及沿其东侧向南的侵袭，加强了冬季风；夏季，青藏高原又阻挡了印度洋暖湿空气直接向北的输送，但却有利于高原东侧偏南气流的盛行。因而高原对中国西北地区冬冷夏热的干旱气候形成及中国东部温湿季节变化明显的季风气候的形成起了重要作用。

中国季风结构复杂亦与青藏高原有关，在高原附近对流层低层，中国东部主要是海陆季风。在中低层高原附近受高原上气压系统的控制形成高原季风，冬季表现为高原北侧和东侧为西风，南侧为东风，夏季正相反。对流层上层还有冬夏间西风和东风带的季节交替，它们相互影响和制约。高原季风有加强和扩大中国东部季风活动范围、影响其进退速度的作用。此外，夏季高原对大气的加热作用

中国地形

0　250　500km

高度表（m）

5000
3000
2000
1000
500
200
0
200
1000
2000
4000
6000

南海诸岛
1:50 000 000

还在南北方向形成一个在高原为上升气流，在两侧为下沉气流的垂直环流，并以南侧为主，称为经圈季风环流，正与同纬度其他地区的哈得来环流方向相反。

中国许多大体东西走向的山系亦对南北冷暖气流的交换起阻障作用，常成为气候区域的分界线，如秦岭即为中国暖温带和亚热带气候的界线。北起大兴安岭，西南至云贵高原的第二级台阶地形的边缘，阻挡夏季风入侵，大体为中国东部湿润气候和西部干燥气候的分界线。

山地还通过对局地气流的阻障作用改变了气温和雨量分布。通常迎风坡多雨、湿润，背风坡少雨、干燥；在山地，气温随海拔上升而降低，形成气温垂直地带性特点及山地气候等。

大气环流　在上述因素作用下形成的东亚季风环流是影响中国气候最直接的因素。冬季高空基本气流为西北风，低层自北向南分别盛行干冷的西北、北和东北季风；夏季高空北纬 30° 以北为西风，以南为东风，低层自南向北为湿热的西南季风和偏南到东南季风，因而形成了随盛行风的转变，在环流、天气系统、气团性质等方面都发生明显变化的气候特征。

中国四季流场各有特点，冬夏季风的季节性交替过程，不但规定了季风区域，还因环流、地形及地理位置的不同，形成了各地的气候差异。

①冬季。冬季环流约始自 10 月中旬，结束于翌年 4 月中旬，其中以 12 月～翌年 3 月初是冬季风的全盛期。冬季在蒙古西伯利亚一带形成势力强大的冷高压区。青藏高原的存在和它形成的低温高原中心叠加在蒙古高压之上，都使高压势力得到加强。这时在地面图上蒙古高压控制着整个亚洲大陆，形成干燥寒冷的极地大陆气团源地。在北太平洋阿留申群岛附近形成一个低气压，它是西来气旋的总汇。在赤道以南的太平洋和印度洋面亦为低气压。由蒙古高压发散出来的气流，一支向东流向阿留申低压；一支向南可达赤道附近的南海，这是中国冬季风的南限。西限受地形影响，在青藏高原的北缘和东缘形成一条地形锋，其东南一段即昆明准静止锋，是冬季大陆冷气团与西南暖气团之间的锋面。

在冬季风盛行时期，中国大部分在单一的极地大陆气团（Pc）控制下，天气

近地面层冬季风综合示意图

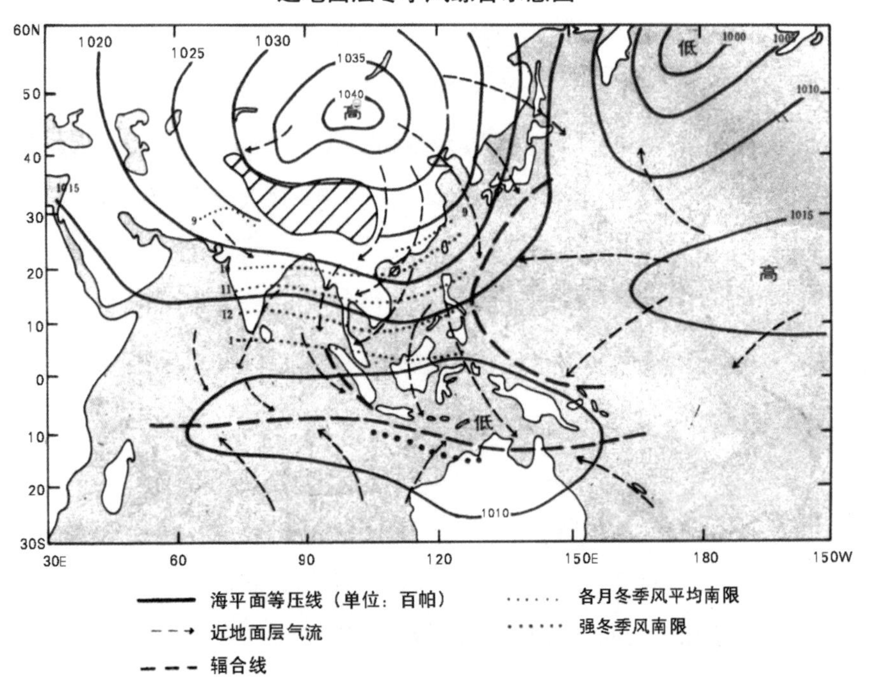

寒冷干燥，只有当它在向南流动的过程中与较暖湿的地面或海面接触，下层不断增温增湿，逐渐形成变性极地大陆气团（NPc），特别是在暖海洋面变性，从海上回流，再与新鲜的极地大陆气团相遇而形成锋面时，会出现阴雨天气。云南高原受蒙古高压影响较小，而常受热带大陆气团（Tc）所构成的西南暖流控制，天气晴暖干燥，形成中国冬季的温暖中心。但在昆明准静止锋影响下会出现阴雨天气。

冬季大陆高空为盛行西风所控制，在3000米以上的高度上受青藏高原的阻障和分支作用，西风急流在高原两侧分为南北两支，南支是副热带急流，北支是极锋急流，并在东经140°附近形成西风带平均大槽，东经90°附近高原北侧形成平均脊，在对流层中上部皆维持这一“西脊东槽”形势。在槽后冷平流的诱导下，蒙古反气旋频频南下，冷空气向南爆发常形成寒潮天气。

寒潮是中国冬季常见的灾害性天气，强大的寒潮会引起中国大面积地区的剧烈降温、雨雪和大风等天气。侵入中国的寒潮冷空气大都源自欧亚大陆北部北冰洋等地，移入中国前常在西伯利亚中部（北纬 43° ～ 65°，东经 70° ～ 90°）积累加强（这一地区称为寒潮关键区），然后南下，并不断减弱。寒潮本身是冬季风活动的一种形式，也具有北强南弱的特点。华南地区冬季强冷空气入侵的次数为黄淮地区的 1/2、东北地区的 1/3，引起的降温幅度也比北方少。

②春季。冬夏环流的过渡时期，高空南支西风急流于 3、4 月间先后两次明显减弱、北移。北支位置变化不大，但强度减弱。同时南亚平均大槽也明显减弱，中国上空基本气流由西北渐转为西风。相应在地面的活动中心也发生变化。高纬的蒙古高压和阿留申低压两个活动中心逐渐减弱，并分别向西和向东移动。低纬开始建立南亚印度热低压和太平洋副热带高压，并不断向北扩展。同时形成了东北低压及鄂霍次克海高压。自黄海到日本一带形成变性高压区，华北、华东出现南风的机会增多。在它的影响下，华北和东北开始出现少量春雨。西北和华北的西南部常出现一连串分裂的小型反气旋环流，它与由青藏高原南侧绕流而来的西南暖湿气流相遇形成明显的切变线，冷暖空气交绥，江南容易产生降水过程。同时热带海洋气团开始进入华南，极锋逐渐向北推移，南方进入春雨季。

总之，春季高空西风带虽逐渐北移，但波动较多，地面南北冷暖气流交替消长，形成气旋活动频繁、天气多变的特点。

③夏季。从 6 月初至 8 月底，海陆温压场形势起了根本变化。在地面图上蒙古高压已不存在，印度热低压却强烈发展。青藏高原的增温亦比四周同高度的自由大气快，高原近地面层也由冬季的冷高压变成热低压，从而更加强了大陆热低压的形势。海上的阿留申低压已隐而不显，北太平洋副热带高压却非常强大。上述两活动中心成为夏季控制中国天气气候的两大环流系统。中国大陆盛行由海洋吹向大陆的夏季风。其风向在东亚主要为东南风，在南亚为西南风。东南季风的最北界限可达内蒙古，相当于盛夏极锋到达的最北位置。中国西南季风盛行于青藏高原南部、云贵高原西部和南岭以南的珠江流域，其北限可视为热带辐合带的北限。在此界限以南，夏季为东南季风与西南季风交替的地区。

就高空环流形势而论，从 6 月中旬开始，亚洲上空气流经历一次最明显的变化，行星风带跳跃式地向北推移。青藏高原南侧的南支西风急流突然北进，原来位于南海上空的东风气流移到高原南侧。西风带明显向北收缩。平均槽脊位置几乎与冬季相反，强度也较冬季为弱。东亚平均大槽消失，变成鄂霍次克海浅脊，在乌拉尔地区亦出现高脊，在两脊之间建立一大槽。中国北部上空仍为西风带系统，即温带西风和副热带西风气流，西部受性质不同的大陆副热带高压（低层为大陆热低压）控制，南部则分别受副热带高压带和热带东风系统影响。环流形势远较冬季复杂。

夏季东南季风与西南季风来自热带与赤道海洋洋面，一般称为热带海洋气团（NTm）与赤道海洋气团（NEm），二者温度高，湿度大，有利于降水的形成。中国的主要雨带和雨季大多与夏季风的消长有关。主要雨带大致位于夏季风前沿，随夏季风的进退而南北移动。平均每年 4 月下旬华南夏季东南季风盛行，5 月中旬华南沿海形成一大雨带，以后逐渐北移，6 月上旬雨带移至南岭以北，使东经 100° 以东的华南地区出现春雨期。

近地面层夏季风综合示意图

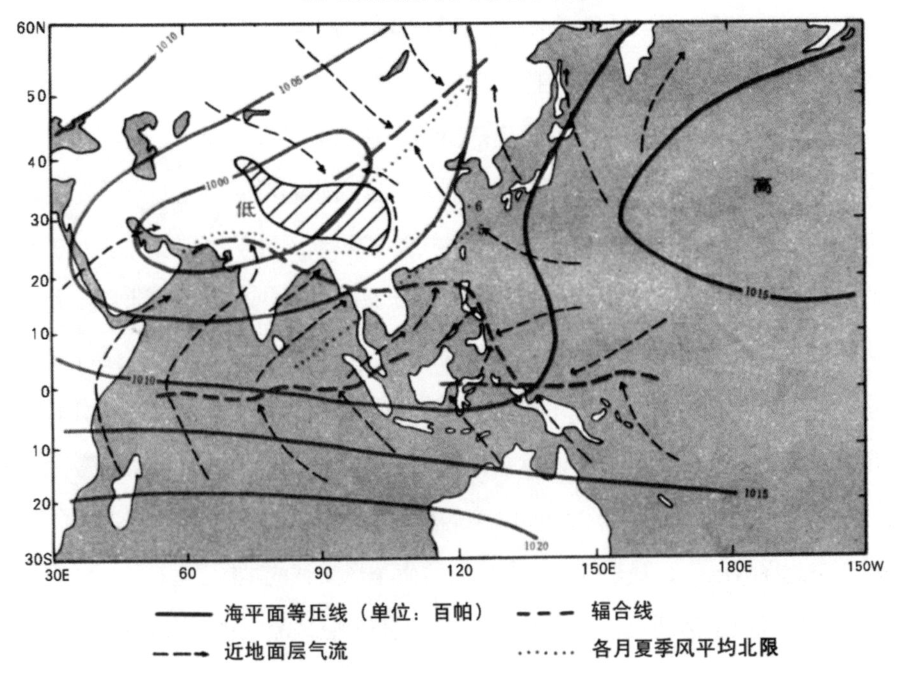

6 月中旬，地面太平洋高压脊线由北纬 15° 突然北跃到北纬 20° ～ 25°，夏季风北进到华中地区。在高空“两脊一槽”形势下，中国大部分地区处于槽前暖平流区，南来的暖湿气流源源北上，同时槽后冷平流也促使北方冷空气频频南下，冷暖气流在长江流域交绥产生锋面（极锋）和气旋活动。由于鄂霍次克高压的阻塞作用，在江淮流域维持着一段较稳定的、持续的降水过程，此时正值当地梅子成熟时节，故称为“梅雨”。

7 月中下旬，亚洲上空西风带再次经历剧变，北移到最北位置。地面太平洋高压进一步向西向北扩展，高压脊线从北纬 25° 再次北推到北纬 30° 附近（北纬 25° ～ 35°），夏季风开始在华北盛行。至此，环流形势从初夏进入盛夏。

在盛夏期间对流层低空（1.5 千米高度）中国大部分地区盛行西南风，仅东北、内蒙古、新疆等地盛行西风系统，两支气流在黄河上游汇合形成一条切变线。在其移动过程中产生降水。地面极锋移到其最北位置，雨带再次北移到黄河流域，稳定于北纬 40° 以北地区，形成华北、东北的雨季，是为夏季风鼎盛时期。江南则因受副热带高压控制，形成伏旱，同时西南和华南地区由于西南季风前沿热带天气系统影响又出现大雨带，使华南一年中出现两个汛期。

在夏季风活动期间，中国还受到台风的影响。据研究，至少有 85%的台风产生在西南季风与东南季风汇合的热带辐合带上，此外，副热带高压南缘东风带上还经常产生东风波，在东风波上发展起来的台风约占 10%。当东风波移到热带辐合带而使两个系统结合时，产生台风的可能性就更大。中国是世界受台风影响最严重国家之一，有 4/5 以上的省区均可受到台风的直接影响。

④秋季。环流的过渡季节。变化过程与春季相反，但速度却较之为快。9 月上旬，蒙古冷高压和阿留申低压又相继出现。两者与印度低压和北太平洋副热带高压同时成为秋季的地面四大活动中心。在中国西高东低的地形影响下，冷空气很快南下侵入中国华北和东部地区。对流层上部副高脊线亦逐渐南移，但速度较慢，因而在中国东部地区秋季有一段时间地面为冷高压，而高空仍在副热带暖高压控制下，出现秋高气爽的天气。但在西南地区，由于地形影响，极锋南撤较缓，产

生秋雨绵绵的天气。南海在 9 月份仍受热带辐合带控制，两广及台湾省沿海台风活动仍甚频繁。

10 月中旬，亚洲上空气流又发生一次突变，高空西风带迅速向南扩展，副热带西风急流又回到青藏高原南侧，副热带高压脊线南撤到中南半岛，东亚大槽又重新建立。在短短一个多月时间内，又恢复到冬季的环流形势。

东亚大气环流冬夏的明显差别，以及过渡季节环流改变的突然性是其他大陆所没有的。由环流的季节变化而引起的天气气候的季节差异，也是东亚独具的特色。

2. 中国气温和降水的特征

中国气温和降水的季节性变化明显，大部分地区四季分明，冬季寒冷少雨，夏季炎热多雨，春秋两过渡季节较短。气温和降水的年际变化都很大，因逐年冬夏季风进退的迟早和强弱不同，使一些地区常出现冷暖旱涝等异常现象。

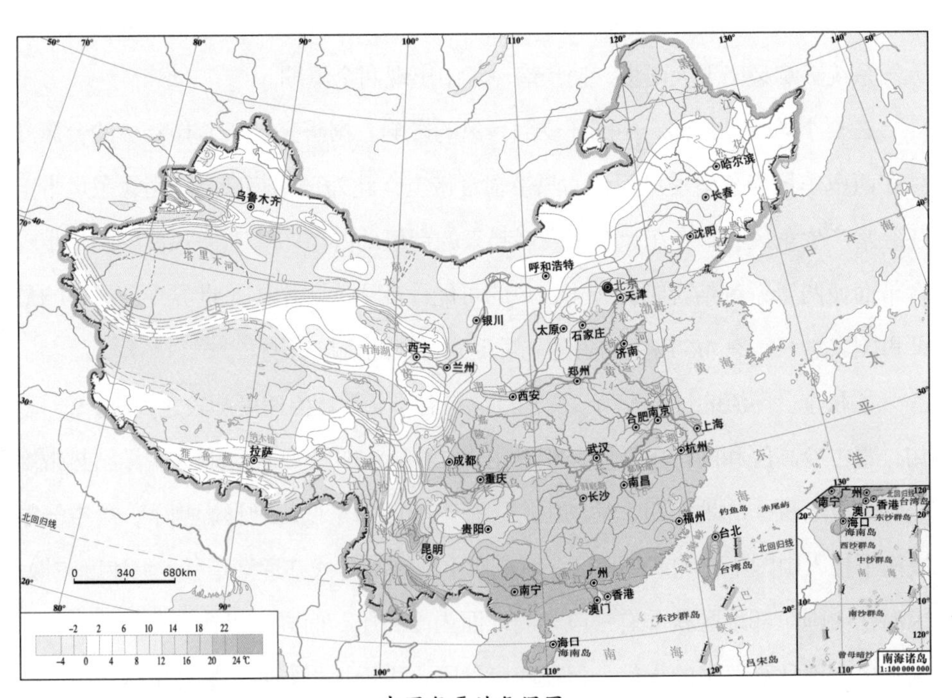

中国年平均气温图

气温　与同纬度地带相比，中国冬寒夏热，气温年较差甚大，且越向高纬、内陆越大。年均温的分布，在东半部地形较平坦地区受纬度影响明显，北冷南暖，从东北北部至南海诸岛相差30℃以上。西半部受地形影响显著，青藏高原除东南一隅外，大部分地区在0℃以下。在高度变化较大的地区，年均温差异也很大，形成垂直气候带。

冬季1月均温等温线除山地外大致与纬线平行，最低值出现在黑龙江省北端的漠河，台湾岛南部和海南岛南部则在20℃以上。平均每向北增加1°纬度，气温递降1.5℃，与全球同纬度其他地区相比，东北地区偏低15～20℃，黄淮流域偏低10～15℃，长江以南偏低6～10℃，华南沿海则偏低5℃左右。这主要是由于受大陆季风影响所致。中国在隆冬1月约有3/4的陆地均温在0℃以下。0℃等温线在东部大致东起淮河，经秦岭至东经105°处，沿四川盆地西缘折向西南，穿过横断山脉到高原东南沿林芝、德让宗一带。有些东西向的山脉对气温的影响非常显著，如1月平均8℃等温线几乎和南岭平行。长江流域大致在0～8℃。但四川盆地，北有秦岭和大巴山的双重屏障，又处于青藏高原的东侧，气温偏高。秦岭是中国气候的重要界线。在昆仑山、秦岭以北，天山、阴山以南，1月均温约-12～0℃；天山、阴山以北和吉林、黑龙江省大部地区约-22～-10℃；大兴安岭北部和阿尔泰地区在-30℃左右；青藏高原一般在-24～-10℃。

中国冬季除青藏高原外，有3/4国土受寒潮影响，出现不同程度的低温和霜冻。青藏高原则全年高寒，夏季亦见冰霜。东北、内蒙古和西北地区约在10月～翌年4月长达7个月的时间内最低温在-5℃以下，且大部分地区的绝对最低温在-30℃以下。1969年2月13日黑龙江省呼玛县漠河镇曾出现-52.3℃的低温。青藏高原3000～4000米以上的地区虽各月都可出现0℃以下的最低温，但绝对最低温一般都在-30℃以上。南岭山脉以南除个别年份外，最低温都在0℃以上。

中国夏季最热月多出现在7月，仅少数地区如雅鲁藏布江谷地、海南岛部分地区及滇南，最热月出现在雨季前的6月或5月。东部沿海受海洋影响较大的地区如大连、青岛、舟山等地则出现在8月。

7 月气温分布，全国除青藏高原、天山、大兴安岭、小兴安岭等地 7 月均温低于 20℃外，大部分地区气温大都在 20 ～ 28℃。东部平均每 1 个纬度温差仅为 0.2℃。漠河与西沙的温差仅为 10℃左右。闭塞的盆地及内陆低洼地区出现高温中心，吐鲁番盆地是中国著名的“火洲”。

中国北方普遍是春温高于秋温，南方则多是秋温高于春温。

降水　中国各地年降水量分布由东南向西北递减，雨热同季，降水变率较大。

中国年降水量的分布与夏季风的关系最为密切。400 毫米年等雨量线大致与夏季风影响所及的界限相当，800 毫米年等雨量线大致与秦岭淮河一线相平行。台、粤、桂、闽、浙、赣、湘和川、滇、藏的一部分地区正常年降水量在 1600 毫米以上，其中浙闽粤和川西一些山地及喜马拉雅山南坡年降水量在 2000 毫米以上。台湾省大部分地区年降水量均超过 2000 毫米，其中高山地区达 3000 ～ 4000 毫米。基隆东南的火烧寮，因位于迎风坡，年降水量达 6000 多毫米，降雨最多的一年竟达 8000 毫米以上。在背风坡的澎湖列岛年降水量仅 800 毫米。

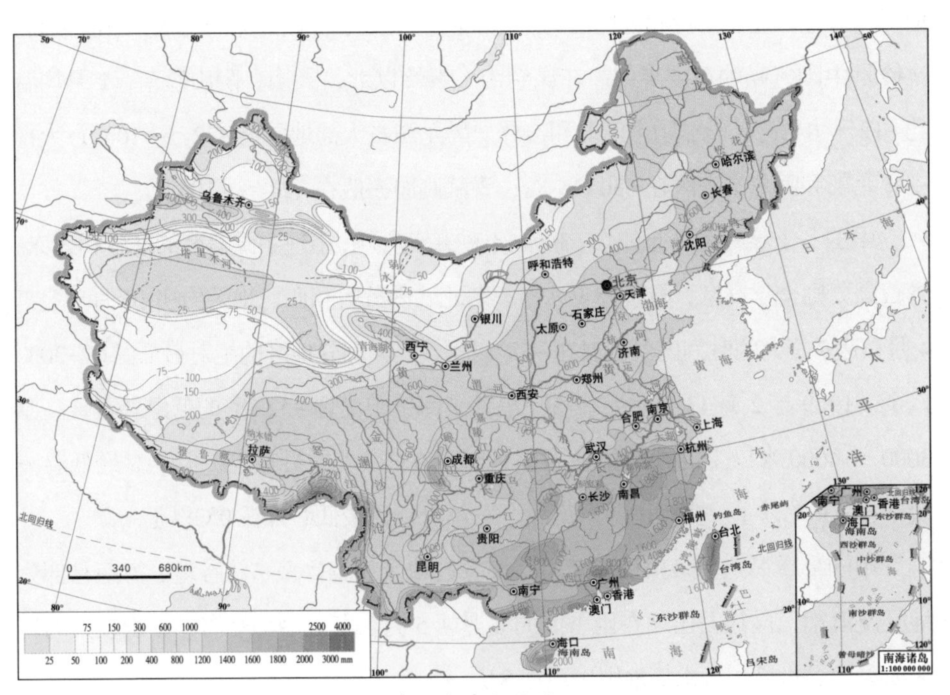

中国年降水量图

在淮河、汉江以南的长江中下游地区，正常年份的年降水量在1000毫米以上。云贵高原及四川盆地为800～1000毫米。秦岭淮河以北大多少于800毫米，但长白山地区可达800～1000毫米，是东北降水量最多之地。而往西北年降水量则明显减少，大兴安岭西部、内蒙古高原为200～400毫米，西北内陆地区除新疆西北部达400毫米外，大多不足200毫米，是中国少雨地区。塔里木盆地、柴达木盆地西北边缘许多地区年降水量均在20毫米以下，成为干旱中心。青藏高原上的降水东南多、西北少，高原西北部估计在100毫米左右。

中国北方是夏雨冬旱，南方则是夏多雨冬少雨。淮河以北地区雨季短而集中，是夏湿冬干的夏雨区。华北、东北等地7、8两月雨量占全年60%～70%，其中东北东部雨季稍长，7～9月是夏秋雨区。长江中下游流域地区雨季虽长，但主要为春雨梅雨区，7月初～8月有一相对干旱期，入秋后又有秋雨，以西部较为明显。华南沿海地区雨季从4月底～10月中旬，前期4、5月为东南季风大雨期，8、9月为台风雨期，中间6、7月也有一相对干旱期。台湾东北端冬季为迎风海岸，是中国唯一的冬雨区。西部高原地区干湿季明显，雨季约从5月下旬～10月下旬（东部至9月），雨季降水量比干季大9倍左右。西北干旱地区则全年少雨。

中国年降水变率分布大体为降水量多的地区变率小；降水以气旋雨、地形雨为主的地区变率也较小；而降水量少、台风雨、对流雨多的地方变率大。中国东半部北纬30°以南地区是年变率最小的地区，大都在10%～15%，但沿海地区因台风影响较多，变率在15%以上。往北至华北平原一带，夏雨比重大，形成一高变率中心（超过30%）。东北地区气旋雨较多，一般在10%～15%左右。西北干旱地区变率最大，但已无实际意义。

3. 中国气候区划

1929年竺可桢根据少量的气候资料提出中国的第一个气候区划，把全国划分为华南、华中、华北、东北、云贵高原、草原、西藏和蒙新共8个气候区。此后又有涂长望、卢鋈、么枕生和陶诗言等，从不同的角度、用不同的指标多次进行中国气候区划。

1959 年中国科学院组织完成了中国气候区划初稿，这是中国第一个由国家组织完成的中国气候区划。这个气候区划主要使用热量和水分两个指标，即全年日平均气温≥ 10℃期内的积温和年干燥度。区划根据≥ 10℃积温把全国划分为赤道季风、热带季风、亚热带季风、暖温带季风、温带季风和寒温带季风 6 个气候带和 1 个青藏高原气候区。根据干燥度则把全国气候湿润程度划分为 4 级。

中国气候湿润程度分级

干燥度	温润状况	自然植被
0.50 ～ 0.90	湿润	森林
1.00 ～ 1.49	半湿润	森林草原
1.50 ～ 3.99	半干旱	草甸、草地、干草原、荒漠草原
≥4.00	干旱	荒漠

根据以上两个指标，该区划把全国划分为 8 个气候地区（第一级区），即东北地区（寒温带和温带季风气候带）、内蒙地区（寒温带和温带季风气候带）、甘新地区（寒温带、温带和暖温带季风气候带）、华北地区（暖温带季风气候带）、华中地区（亚热带季风气候带）、华南地区（亚热带、热带和赤道季风气候带）、川滇地区（高原季风气候）、青藏地区（高原气候）。划分的方法是从北向南主要以温度气候带划分，从西向东主要以年干燥度划分。例如，东北与内蒙地区以年干燥度 1.2 分界，内蒙古和甘新地区以年干燥度 4.0 分界，青藏地区与周围各区以≥ 10℃积温 2000℃为界。

第二级气候区在此区划中称为气候省。区划指标根据具体情况确定。例如，东北地区水分不缺，主要是冷热差异大，因此用积温作划分指标；内蒙、甘新和华北地区暖季热量丰富，只是降水不足，所以以年和季的干燥度作为划分指标。此外，在气候省下，还有第三级区划，即气候州。本区划总共划出 8 个气候地区、32 个气候省和 68 个气候州。

1998 年中央气象局推出了中国气候区划。这个区划的指标系统分三级，第一级为气候带，将多年 5 天滑动平均气温稳定通过（≥）10℃的天数作为划分气候

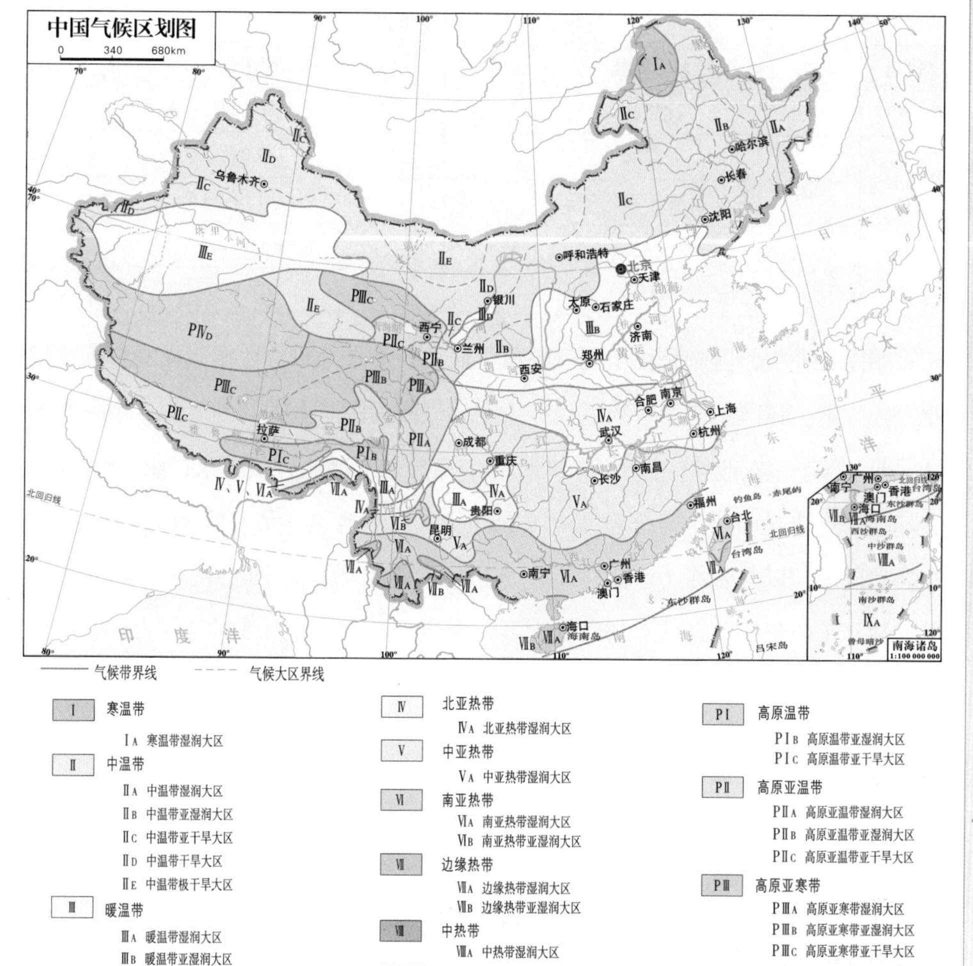

带的主要指标，在边缘热带、中热带和赤道热带用≥ 10℃积温作进一步划分指标。全区划共划出了寒温带、中温带、暖温带、北亚热带、中亚热带、南亚热带、边缘热带、中热带、赤道热带、高原寒带、高原亚寒带、高原亚温带和高原温带，共 13 个气候带。

这个区划在一级区划中再进行二级区划，称为气候大区，将多年平均年干燥度作为划分气候大区的干湿指标。

气候大区年干燥度指标

代码	气候大区干湿程度	年干燥度
A	湿润	＜1.0
B	亚湿润	≥1.0 ＜1.6
C	亚干旱	≥1.6 ＜3.5
D	干旱	≥3.5 ＜16.0
E	极干旱	≥16.0

中国农业气候区划是由中国气象科学研究院等5个单位协作完成的全国性专业气候区划。该区划的第一级区划称为农业气候大区。全国共划分为3个一级大区，即东部季风农业气候大区、西北干旱农业气候大区和青藏高寒农业气候大区。实际上，这也是中国自然景观完全不同的三大自然地理单元。高寒区≥0℃积温3000℃以下，以其寒冷（水分并非缺乏）与干旱大区和季风大区相区别；干旱区以其缺水（热量并非缺乏）与高寒大区和季风大区相区别。季风气候大区和干旱农业气候大区之间的分界线实际上也就是中国农牧业之间的分界线。

宁夏回族自治区北部平原灌溉农业区

该区划的二级区是农业气候带。即把一般作为一级区的热量气候带作为二级区，这是因为，对中国大农业而言，农业区内部的差别与农牧业间的差别相比当然要退居次要地位。二级区划的指标是≥10℃积温，根据这个指标在东部季风、西北干旱和青藏高寒三个大区内分别划出了10个、2个、3个共15个二级区。然后，再在二级区内根据该区中农业生产的主要矛盾，利用气温、降水、风速和湿润度等指标分别划分出36个、10个、9个共55个三级区。

第四章 春雨惊春清谷天

［一、二十四节气］

十二个中气和十二个节气的总称。可能起源于战国时期，是中国古代的独特创造。它告诉人们太阳移到黄道上二十四个具有时节意义的位置与日期，几千年来对中国农牧业发展起了重要作用。

在《淮南子·天文训》（前140年左右）中，有完整的二十四节气记载，其名称和顺序都同现今通行的基本一致。

节气、中气、平气、定气　节气的安排取决于太阳。西周和春秋时期以圭表测日影的方法定出冬至和夏至的时日。后来，将一回归年的长度等分成24份，从冬至开始，等间隔地依次相间安排各个节气和中气。这种方法叫平气。按照平气方法，每月有一个节气，一个中气。例如，立春为正月节气，雨水为正月中气；惊蛰为二月节气，春分为二月中气等。

北齐（550～577）张子信发现太阳视运动不均匀现象。隋仁寿四年（604），刘焯在他的《皇极历》中根据这种不均匀现象对二十四节气提出改革，将周天等分成 24 份，太阳移行到每一个分点时就是某一节气的时刻。这样安排的节气间隔是不均匀的，此法称为定气。定气主要在历法计算中使用。在日用历谱上一直使用平气，直到清代才开始使用定气。

二十四节气表　二十四节气的名称、节气在现行公历里的大体日期和当时太阳黄经度数（指定气）如表。

二十四节气表

春季	节气	立春 (正月节)	雨水 (正月中)	惊蛰 (二月节)	春分 (二月中)	清明 (三月节)	谷雨 (三月中)
	节气日期	2月4日 或5日	2月19日 或20日	3月5日 或6日	3月20日 或21日	4月4日 或5日	4月20日 或21日
	太阳到达黄经	315°	330°	345°	0°	15°	30°
夏季	节气	立夏 (四月节)	小满 (四月中)	芒种 (五月节)	夏至 (五月中)	小暑 (六月节)	大暑 (六月中)
	节气日期	5月5日 或6日	5月21日 或22日	6月5日 或6日	6月21日 或22日	7月7日 或8日	7月23日 或24日
	太阳到达黄经	45°	60°	75°	90°	105°	120°
秋季	节气	立秋 (七月节)	处暑 (七月中)	白露 (八月节)	秋分 (八月中)	寒露 (九月节)	霜降 (九月中)
	节气日期	8月7日 或8日	8月23日 或24日	9月7日 或8日	9月23日 或24日	10月8日 或9日	10月23日或 24日
	太阳到达黄经	135°	150°	165°	180°	195°	210°
冬季	节气	立冬 (十月节)	小雪 (十月中)	大雪 (十一月节)	冬至 (十一月中)	小寒 (十二月节)	大寒 (十二月中)
	节气日期	11月7日 或8日	11月22日或 23日	12月7日 或8日	12月21日或 22日	1月5日 或6日	1月20日 或21日
	太阳到达黄经	225°	240°	255°	270°	285°	300°

二十四节气反映了太阳的周年视运动，所以节气在现行公历中的日期基本固定，上半年在6日、21日，下半年在8日、23日，前后不差一两天。

影响和应用　二十四节气起源于黄河流域，几千年来成了中国各地农事活动的主要依据，至今仍在农业生产中起一定的作用。为了便于记忆，人们编出了二十四节气歌诀：春雨惊春清谷天，夏满芒夏暑相连，秋处露秋寒霜降，冬雪雪冬小大寒。随着中国历法的外传，二十四节气流传到世界许多地方。

[二、七十二候]

中国古代用来指导农事活动的物候历。以五日为一候，三候为一气，一年分为二十四节气七十二候。每候有一个物候现象相应，称为候应。七十二候候应组成了一年中气候变化的一般规律。

候应分为两大类。一类为生物候应，包括植物候应和动物候应。植物候应主要有植物的幼芽萌动、开花、结实等。动物候应有始振、始鸣、交配、迁徙等。另一类为非生物候应，如东风解冻、虹始见、雷始发声、地始冻等。但七十二候候应中也包括一些古代因观察错误而并不科学的候应，如“雀入大水为蛤”等。

七十二候起源很早，最早的文字记载始于《诗经》，成书约在西汉末期的《逸周书·时训解》中已有完整记载。但由于中国幅员辽阔，南北寒暑差异较大，同一候应出现的时节可以相差很远，甚至根本不出现（如华南不出现“水始冰”“地始冻”等）。因此用七十二候指导农事一般只适用于它的发源地黄河中下游地区。据《农桑通诀》，七十二候列表：

七十二候表

春季	节气	立春	雨水	惊蛰	春分	清明	谷雨
	候应	东风解冻 蛰虫始振 鱼陟负冰	獭祭鱼 候雁北 草木萌动	桃始华 鸧鹒鸣 鹰化为鸠	玄鸟至 雷乃发声 始电	桐始华 田鼠化鴽 虹始见	萍始生 鸣鸠拂羽 戴胜降于桑
夏季	节气	立夏	小满	芒种	夏至	小暑	大暑
	候应	蝼蝈鸣 蚯蚓出 王瓜生	苦菜秀 靡草死 麦秋至	螳螂生 鵙始鸣 反舌无声	鹿角解 蜩始鸣 半夏生	温风至 蟋蟀居壁 鹰始挚	腐草为萤 土润溽暑 大雨时行
秋季	节气	立秋	处暑	白露	秋分	寒露	霜降
	候应	凉风至 白露降 寒蝉鸣	鹰乃祭鸟 天地始肃 禾乃登	鸿雁来 玄鸟归 群鸟养羞	雷始收声 蛰虫坯户 水始涸	鸿雁来宾 雀入大水为蛤 菊有黄华	豺乃祭兽 草木黄落 蛰虫咸俯
冬季	节气	立冬	小雪	大雪	冬至	小寒	大寒
	候应	水始冰 地始冻 雉入大水为蜃	虹藏不见 天气上升 地气下降 闭塞而成冬	鹖鴠不鸣 虎始交 荔挺出	蚯蚓结 麋角解 水泉动	雁北乡 鹊始巢 雉始雊	鸡始乳 征鸟厉疾 水泽腹坚

[三、天气谚语]

在民间广为流传的各种描述天气变化经验的语句。在人类长期与大自然斗争实践中，逐步积累和形成，多以简练的歌谣或韵文形式流传于民间。

寒来暑往，日升月沉，是最早吸引人类关注的自然现象。花开果硕，禽栖兽出，是人类经常见到的生物现象。在科学尚不发达的历史时期，人类在猎、牧、渔、农和航海等活动中，为了自身的安全和适时播种与收获，不断总结各种天象，物象，大气声、光、电等自然现象与天气、气候变化的关系，从中提炼出与预测天气、指导生产有关的部分，形成天气谚语。

常见的天气谚语很多，如看天测天气的有“天上钩钩云，地下雨淋淋”，看风预测天气的有“一日东风三日雨，三日东风一场空”，看天空状况预测天气的有“东虹日头，西虹雨”，看物象预测天气的有“雨中闻蝉叫，预告晴天到”，看天象预测天气的有“太阳晃一晃，大雨落三丈”，根据前期天气进行短期气候预测的天气谚语有“九里风多，伏里雨大”“发尽桃花水，必是旱黄梅”等。

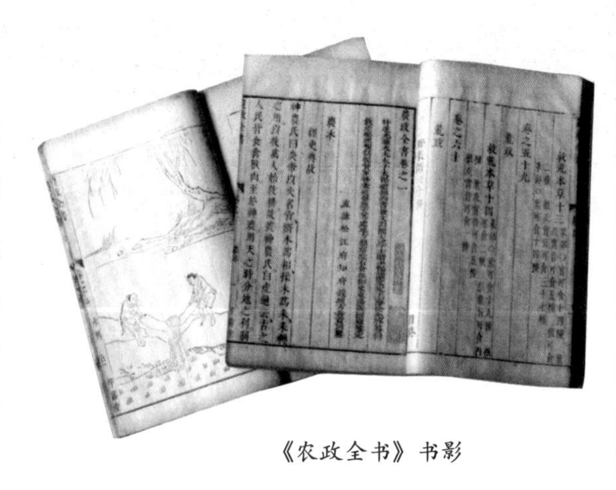

《农政全书》书影

天气谚语在殷墟甲骨文和诗经等古代文化遗产中均有表现，如“朝（虹）于西，崇（终）朝其雨”就是其中之一。唐黄发子撰写的《相雨书》、元娄元礼撰写的《田家五行》、明徐光启撰写的《农政全书》均汇集了丰富的天气谚语。天气谚语具有很强的地区性和季节性，在使用中应充分重视。

［四、物候历］

按物候现象出现的日期编制的一种专门日历。又称自然历。物候是气候等环境条件影响的综合反映，有其顺序性、周期性和相关性，一年一次循环。

根据前一物候期可以预测后一物候期到来的日期，根据物候现象和农事活动的相关性，可以预报农时，以便因时因地制宜地安排生产。

物候历将各地一年划分为几个自然季段，按季段分月，以多年平均的物候期的先后顺序把物候现象列入各季段和月。物候历的项目包括：植物的发芽、展叶、开花、果熟、叶变色和落叶的日期；动物的始见、绝见、始鸣和终鸣日期；霜、雪的初、终日期；土壤或河流的结冻和解冻日期；农作物的播种、抽穗、开花和成熟日期，以及农事活动等。

[五、季节]

一年中以气候的相似性划分出的几个时段。由于寒暑枯荣的大自然韵律与一切生物的生息发展有极其密切的关系，划分季节，无论对游牧民族或农业民族都是非常重要的事情。

中国在划分四季方面开始得很早，如《尧典》中有“日中星鸟，以殷仲春”“日永星火，以正仲夏”“宵中星虚，以殷仲秋”“日短星昂，以正仲冬”四句话，说的是根据黄昏时南方天空所看到的不同恒星，来划分季节。

季节的划分有以天文因子为主的，也有以天气气候特征为主的。不同的方法所划分的季节时段也不尽相同。

天文季节　以天文因子为依据划分的季节。由于地球的自转轴倾斜于它绕太阳公转的轨道面（即黄道面），地球表面的太阳辐射量的变化，规律性地每年循环一次。每年相同的月份，各地大体上出现固有的气候特征。在温带地区，通常把接受太阳辐射最多，即最炎热的时段称为夏季；接受太阳辐射最少，即最寒冷的时段称为冬季；它们之间的过渡时段称为春季和秋季。在北半球的温带地区，一般 3 ～ 5 月为春季，6 ～ 8 月为夏季，9 ～ 11 月为秋季，12 月至次年 2 月为冬季。中国古代多以立春、立夏、立秋和立冬为四季的开始，而欧洲和北美洲的很多国家则以春分、夏至、秋分和冬至作为四季的开始。天文季节虽然有气候意义，却没有把地理和天气的因素考虑在内。

气候季节　以气候要素的分布状况为依据划分的季节。中国的气候季节最早是由张宝堃（1934）研究的。他在《中国四季之分配》中，提出以候（5天）平均气温低于10℃为冬季，高于22℃为夏季，10～22℃为春秋过渡季，并划出各地四季的长短。由于10℃以上适合于大部分农作物生长，一年中维持在10℃以上的时间长短对农业生产的影响很大，所以这样划分季节有很大的实际意义。

除温带的四季外，其他气候带因其气候的特殊性，常采用其他气候要素划分气候季节。在热带和一些亚热带地区，气温的年变化较小，常用降水量和风向的变化来划分季节，如分为旱季和雨季、东北信风季和西南信风季等。这种划分季节的方法，在南亚次大陆尤为通用。在北非大部分地区，把一年划分为凉季、热季和雨季三个季节。在极地附近，则按日照的状况划分为永昼的夏季和长夜的冬季两个季节。在地势高亢的青藏高原，冬半年干旱，多大风，夏半年多降水，故全年大体可分为风季（干季）和雨季两个季节。对下垫面不同的其他地区，如海洋和内陆，森林和草原，都因气候不同，而可采取不同的划分季节的标准，以适应当地的生产和生活的需要。

自然天气季节 上述的季节划分法，都没有直接考虑天气过程。20世纪20年代，苏联气候学家B.P.穆利塔诺夫斯基提出了自然天气季节的概念。他以形成气候的天气过程的特点来划分季节，将苏联的欧洲部分，一年分为春、夏、秋、前冬和冬五个季节。中国科学家在20世纪50年代，也曾根据500百帕环流型研究东亚的自然天气季节及其划分。但由于天气过程的复杂性，不同地区受到天气系统的影响也不同，不容易确定划分季节的客观统一标准，关于自然天气季节研究的后续工作不多。

[六、厄尔尼诺]

赤道东太平洋到南美西海岸海水温度剧烈变暖事件。由于这种事件经常发生于圣诞节前后，所以当地人称为厄尔尼诺，意为“圣婴”。

厄尔尼诺发生时，全世界天气和气候会发生剧烈异常，南美西岸的国家由于海温异常暖，渔产减少并且造成洪涝，南亚、印度尼西亚、澳大利亚东部以及非洲东南部则引起干旱，西太平洋台风发生偏少。厄尔尼诺对中国天气气候比较肯定的影响为华北夏季干旱和东北夏季冷温年份出现次数增多。对中国其他地区的影响尚需作进一步研究。此外，海温异常会造成东北太平洋上空大气环流异常，形成一个向东北方向的波列，影响北美洲。

为了监测厄尔尼诺的发生和消亡，世界气象组织在太平洋赤道地区设了6个区，计算6个区的平均表面海温作为指标。其中，尼诺1、2、3、4四个区最为重要，它们依次为：90°W以西和5°～10°S、90°W以西和5°S～0°、150°～90°W和5°S～5°N、160°E～150°W和5°S～5°N。尼诺1、2为南美西岸沿海区，尼诺3为东太平洋赤道区，尼诺4为中太平洋赤道区。当尼诺3、4平均表面海温为正距平时期且峰值距平≥1℃，称为厄尔尼诺时期。反之，负距平时期则称为拉尼娜时期。

根据海洋记录，20世纪内共发生厄尔尼诺26次，平均3.5年发生一次，是厄尔尼诺－拉尼娜循环的主周期。依波谱分析，还有近2年、5～7年和11年的次周期。在20世纪内，以世纪末1997～1998年发生的厄尔尼诺最为强烈，赤道东太平洋海温暖距平中心值达6℃以上，海面以下100米处海温距平达9℃以上。

由于厄尔尼诺－拉尼娜循环无论周期和位相几乎都和南方涛动十分一致，厄尔尼诺（拉尼娜）为南方涛动指数负（正）位相，表明这是一个海洋圈和大气圈耦合的循环，因而经常称它们为厄尔尼诺－南方涛动循环，简称ENSO循环。在拉尼娜期间西太平洋赤道及邻近海洋表面为暖水温，暖水层厚，并且西太平洋海洋暖池强，而东太平洋赤道及邻近海洋反之，相对于西太平洋赤道，表面为冷水温，暖水层浅薄。由于西太平洋赤道及邻近海洋为暖水，形成暖湿上升气流，这支上升气流到高空后流向东西两侧，流向东侧的为偏西风，到赤道东太平洋冷水区下沉，再以偏东风气流（即信风）在水面上回流到赤道西太平洋，这个纬向环流圈称为沃克环流，这是拉尼娜期间与海洋相配合的典型大气纬向环流。沃克环流中近海洋的信风使得海平面西高东低，维持了赤道西太平洋暖水层。当低空信风突然减弱，或西太平洋赤道低空西风加强并东传时，原来的西高东低的海平面不再维持，西太平洋暖池的暖水向东流向东太平洋，其中以海平面以下海洋次表层 100 ～ 200 米的暖水向东扩展最强。暖水向东扩展到赤道中太平洋或东太平洋西部，使该区上层海洋变暖，暖水层变厚。另外，信风减弱会产生向东传播的开尔文波，这种波的波速比次表层暖水东扩还快，到达南美西岸后会反射过来沿赤道西传，在赤道东太平洋东部产生表面暖海水中心，于是形成厄尔尼诺。厄尔尼

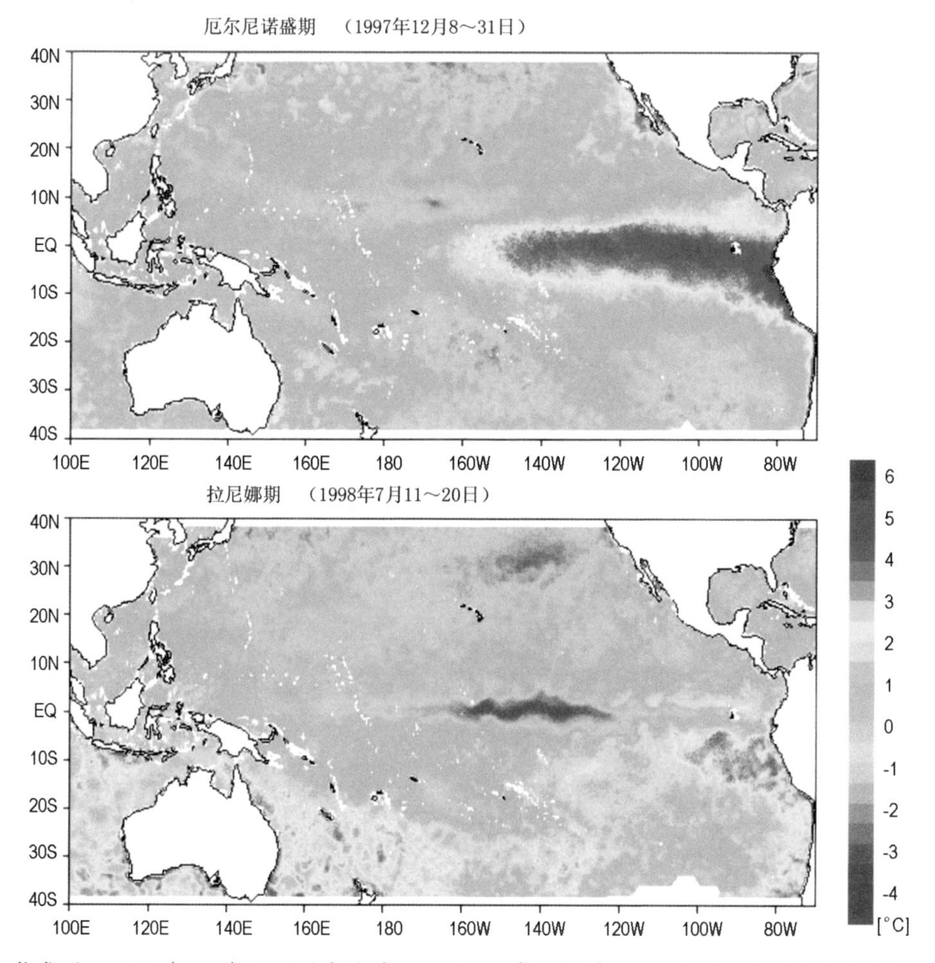

热带测雨卫星（TRMM）观测的太平洋地区海面温度分布（1997 年 12 月为厄尔尼诺月份，东太平洋赤道为暖海温；1998 年 7 月为拉尼娜月份，东太平洋赤道为冷海温。）

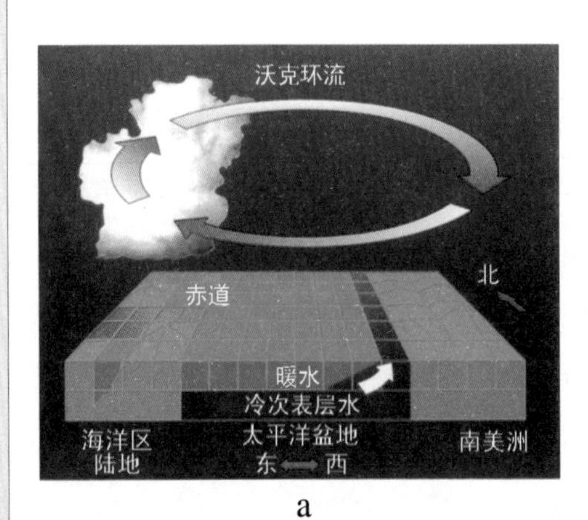

a

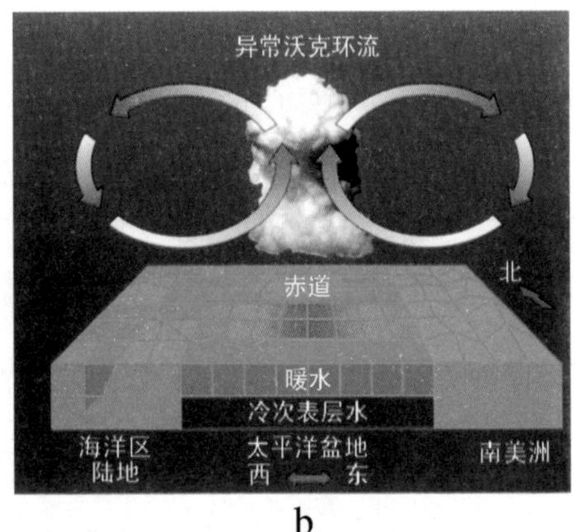

b

拉尼娜（a）和厄尔尼诺（b）期间赤道太平洋上的大气纬向环流

诺的暖海水中心既可以由次表层暖水东传而形成在尼诺4区或尼诺3区，也可由开尔文波反射而形成于尼诺3区，或者二者都起作用。因而，厄尔尼诺期间可有两个独立的暖水中心或二者合并而出现一个暖水中心。在厄尔尼诺形成时，太平洋赤道上的沃克环流也东移，上升支向东移到赤道东太平洋暖水区上空，而赤道西太平洋变为下沉支，高空为异常东风，低层为异常西风（或弱东风），西太平洋近赤道地区（如印度尼西亚和澳大利亚）为下沉干旱区。以上两个过程反复循环，成为ENSO循环。在厄尔尼诺时期，北半球热带东太平洋应为气旋性环流，西太平洋近赤道的热带地区应为反气旋环流。拉尼娜时期反之。以上是目前对ENSO循环形成的一般解释。目前不清楚的问题是厄尔尼诺（拉尼娜）形成前期中东太平洋赤道上信风为何会突然减弱（加强）或西太平洋异常西风为何会突然加强（减弱）。有几种推测：①厄尔尼诺时期之前，西太平洋地区北半球出现强的异常偏北风（如强的冬季风）和南半球出现强偏南风。这两支异常气流汇合于赤道后，在赤道产生偏西风东传，南北极海冰异常和大陆冰雪异常以及青藏高原热力异常均可激发出异常的经向风，于是厄尔尼诺的发生涉及陆面—大气—海洋三个圈层之间的相互作用，是一个十分复杂的问题。②在厄尔尼诺形成前期，赤道上周期为30～60天的低频振荡经常出现加强并东传，可以激发暖水东传。

[七、海市蜃楼]

大气中的一种光学现象。为出现在空中、海面或地面附近及地平线下的比较少见的奇异幻景，在气象学中称为蜃景。

成因 在正常状态下，大气层中的空气密度随高度增加而递减。因此，光线通过这种密度不同的大气层时，便产生连续的折射而渐次弯曲。如果空气的温度在铅直方向出现上热下冷的逆温状态，这种稳定的空气层结，便使光线弯曲的现象尤为突出。一般说来，光线在自下而上行进的过程中，随着空气的密度不断减小，折射线远离法线，以致平行于折射面，甚至返回原入射线所在的空气层中而出现全反射现象，使得本来看不见的远处景物，通过连续不断地折射和全反射，最后送到观察者的视野中。观察者沿射来的光线的切线方向看去，远处景物便被抬高或放大，这种呈现在上空的海市蜃楼景象，称为上现蜃景。早晨（傍晚）真正的日月还未上升（已经降落）到地平线上（下）以前（后），观察者就（还）可以看到日月的形象，这种日月出没时的抬高现象就是上现蜃景，只不过人们对这种

2005 年 4 月 4 日上午 7 时许，福建泉州市区出现的海市蜃楼景象

现象习以为常而已。

类型 ①上现蜃景（正像）。多见于中、高纬度的海面或雪原，特别是在两极区域，当暖空气流到冷的海面或雪原上时，大气温度的铅直分布呈稳定的逆温层结，这时远处的冰山、岛屿、城郭或船只便呈现在上空，都成正像。中国山东蓬莱（古属登州）常见这种蜃景。《梦溪笔谈》中有："登州海中，时有云气，为宫室、台观、城楼、人物、车马、冠盖，历历可见，谓之海市。"可见人们很早就知道这种空中幻景。正如蓬莱阁石刻碑文所说："欲从海市觅仙踪，令人可望不可攀。"在法国，1869年的一个月夜，整个巴黎的建筑物和街道以及行人车马，都显现在上空，成为巴黎人人称道的一幅壮丽惊人的图画。

②下现蜃景（倒像）。在沙漠或草原地区，由于正午或午后气温下热上冷的现象极为突出，以至局部地区在短时间内出现空气密度随高度递增的反常现象。这时空气的层结极不稳定，其折射和全反射作用所产生的海市蜃楼为上现蜃景的镜像，称为下现蜃景（倒像）。由于空气的层结不稳定，以及近地气层的湍流作用，这种倒像出现的时间不长，且常常闪动，从远处观察，好像沙漠绿洲中的水下倒影。

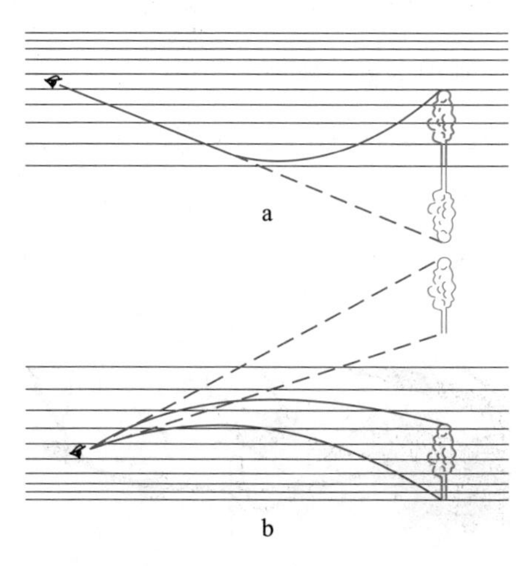

下现蜃景 (a) 和上现蜃景 (b) 原理图

然而沙漠或草原地区，不仅出现下现蜃景，而且在黎明之前，由于下垫面的辐射冷却作用，沙漠或草原的温度低于近地面的气温，故空气层结稳定，也能形成上现蜃景。两千年前，在非洲旅行的人，曾经记载过野兽等巨大的动物在空中奔驰或缓慢行走的奇特景象。

在海洋上不仅可以产生上现蜃景，而且在低纬度和赤道海面也可以形成下现蜃景。当冷空气流经这些海域时，近海面大气的层结不稳定，使得远处的岛屿、船只或景物，在海面以下呈现出晃晃摇动的倒像，这是海洋上的下现蜃景。

在现代宽阔笔直的高速公路上，由于路面和近地层空气间形成不同的铅直温度层结，公路上奔驰的汽车形象，既可能呈现出上现蜃景（黎明之前），也可能呈现出下现蜃景（正午或午后）。但这都是显现在路面附近的蜃景。

③侧向蜃景。如果在水平方向出现气温不均匀的现象，导致空气密度在水平方向的不均匀分布，也可以在水平方向显现出蜃景，称为侧向蜃景。瑞士日内瓦湖南部，处在群山环抱之中，上午太阳照射到湖的北部，使北部的温度升高，而南部气温还很低，导致湖上空气的密度，自北向南逐渐降低，从而在湖面上出现侧向蜃景。由于空气的这种水平密度分布未必是均匀一致的，所以本来是一只游船在湖中荡漾，可以变成好几只游船结队而行的幻景。

④复杂蜃景。低层空气由于温度梯度的不同分布和变化，加上湍流的作用，常常使得在海面或地面附近显现出来的蜃景，由于其形状和强度的瞬时变化，而有伸长、缩短、歪曲或闪烁等现象，甚至出现扑朔迷离难以捉摸的不定形的蜃景，称为复杂蜃景。这曾经是意大利西西里岛墨西拿海峡出现的蜃景的专有名称。

[八、酸雨]

酸性污染物通过降水、干沉降或其他方式（如雪、雾等）到达地表。引起的环境效应往往是干、湿沉降综合作用的结果。但主要形式是酸性降雨，故习惯上将酸沉降统称为酸雨。

概述　纯净的雨雪降落时，空气中的二氧化碳溶入其中形成碳酸，具有弱酸性。空气中的二氧化碳浓度一般在 330ppm 左右，这时降水的 pH 为 5.6。在清洁空气中还存在如二氧化硫、有机酸等，背景地区的降水 pH 一般为 5.0。如果降水 pH 降至 5.0 以下，认为降水呈酸性，这一地区的降水受到人类活动的影响。

酸雨是人类面临的最严重的环境问题之一。20 世纪 50 年代以前，世界上降水的pH一般大于5.0，少数工业区曾降酸雨。60年代起，随着矿物燃料消耗的增多，空气状况急剧恶化，越来越多的地区降水的pH降到5.0以下，形成欧洲、北美和东亚三大酸雨区，对生态系统造成严重危害。

研究进展 1872年英国化学家R.A.史密斯在其《空气和降雨：化学气候学的开端》一书中首先使用了“酸雨”这一术语。20世纪50年代中期，美国水生生态学家E.戈勒姆进行了一系列研究工作，揭示了降水的酸度同湖水和土壤酸度之间的关系，并指出降水酸度是矿物燃料燃烧和金属冶炼排出的二氧化硫造成的。但是，他们的工作都没有受到注意。直到60年代间，瑞典土壤学家S.奥登首先对湖沼学、农学和大气化学的有关记录进行了综合性研究，发现酸性降水是欧洲的一种大范围现象，降水和地面水的酸度正在不断升高，含硫和含氮的污染物在欧洲可以迁移上千千米。1972年瑞典政府向联合国人类环境会议提出一份报告——《穿越国界的大气污染：大气和降水中的硫对环境的影响》。从此，更多的国家关注这一问题，研究的规模不断扩大。现在酸雨已成为当前全球性的环境污染问题之一。

中国对酸雨的研究始于20世纪80年代初。中国约1/3的国土受到酸雨污染，西南、华南、华中和东南沿海等地是酸雨重污染区，是继欧洲和北美之后的世界第三大酸雨区，且降雨的酸度和降酸雨的面积在增加。在此基础上，国家划定了酸雨控制区，并于1998年编制了酸雨控制国家方案，1999年制定了酸雨控制区和二氧化硫控制区规划。

成因 酸雨形成是一个十分复杂的过程，涉及大气中的氧化剂、酸性物质和碱性物质，包括污染源的排放、大气输送和转化以及大气沉降等过程。从天然源和人为源排放出的硫氧化物、氮氧化物和挥发性碳氢化物在大气输送过程中，在太阳光的照射下，发生复杂的化学反应，物种的存在形式不断从低氧化态转化为高氧化态，大气的氧化性逐渐增强，硫氧化物转化为硫酸，氮氧化物转化为硝酸，挥发性碳氢化物转化为有机酸，从而导致酸性降水。

根据酸性物质形成的途径和降水的形式，可将酸雨的成因分为云中致酸和云下致酸。云中致酸指在云的形成过程中大气污染物（酸性物质和氧化剂）进入云水，并在云水中不断反应生成酸性物质从而使云水酸化；云下致酸则指雨水离开云基后冲刷近地层大气，吸附大气污染物，并在雨滴内不断反应生成酸性物质而使雨水酸化。与此同时，大气中存在的碱性物质（碱性气体和碱性颗粒物）也会进入降水，对降水的酸性起一定的中和作用。

危害 主要表现在：①对土壤的危害。在酸沉降的情况下，土壤中的钙、镁、钾和钠等营养元素被淋溶，导致土壤日益酸化、贫瘠化。酸化的土壤影响微生物的活性，进而抑制土壤中有机物的分解和氮的固定。②对水生生态的危害。酸雨可使湖泊、河流等地表水酸化，污染饮用水源。水质变酸还会引起水生生态结构上的变化，鱼类会减少甚至绝迹。③对植物的危害。受到酸雨侵蚀的叶子，叶绿素含量降低，光合作用受阻，致使农作物产量降低，森林生长速度降低。④对材料和文物古迹的危害。酸雨加速许多用于建筑结构、桥梁、水坝、工业装备、供水管网及通信电缆等的材料的腐蚀，还能严重损害文物古迹、历史建筑以及其他重要文化设施。

[九、大气臭氧层]

大气中臭氧集中的层次。一般指高度在 10 ～ 50 千米的大气层，也有指高度在 20 ～ 30 千米臭氧浓度最大的气层。

20 世纪初由法国科学家 C. 法布里发现。臭氧是大气中的微量成分，即使在臭氧浓度最大的层次，所含臭氧对空气的体积比也不过为百万分之几。将它折算到标准状态（气压 1013.25 百帕，温度 273K），臭氧的总累积厚度为 0.15 ～ 0.45 厘米，平均约 0.30 厘米。臭氧含量虽少，却能吸收大部分太阳紫外辐射，使地球上的人类和其他生物不至于被强烈的太阳紫外辐射所伤害；臭氧吸收太阳紫外辐射而引起的加热作用，还影响着大气的温度结构和环流。

人类活动所产生的微量气体，如氮氧化物和氯氟碳化物（CFCs）等，有破坏大气臭氧的作用。其中某些组分，如氟利昂 11（$CFCl_3$）和氟利昂 12（CF_2Cl_2），在大气中存留时间很长，它们在平流层中的积累对臭氧平衡的影响很大。20 世纪 80 年代中以后，科学家发现并证实了在南极大陆上空，每年 9 ～ 10 月前后其臭氧含量有大面积大幅度减少的现象（减少量达平均值的 30%～ 40%，面积可达数百万平方千米或更大），被称为臭氧洞。南极臭氧洞的出现反映了人类活动无意识影响自然的严重后果。

南极科学考察船放飞热气球探测大气臭氧层

南极地区臭氧层因臭氧损耗所形成的臭氧柱浓度小于 200DU（等于千分之一厘米标准状态臭氧层厚度）的区域。即此区域内的臭氧浓度在臭氧洞形成后较形成前减少 30%以上。南极是一个非常寒冷的地区。从 20 世纪 80 年代中期开始，南极地区的科学考察发现南极上空臭氧浓度在春季（10 月份）出现显著的下降。1985 年，英国科学家法曼等人总结他们在南极哈雷湾观测站的观测结果，发现从 1975 年以来，那里每年早春（南极 10 月份）总臭氧浓度的减少超过 30%。如此惊人的臭氧减弱引起全世界极大的震动。进一步的测量表明，在过去 10 ～ 15 年，每到春天南极上空的平流层臭氧都会发生急剧的大规模的耗损，极地上空臭氧层的中心地带，近 95%的臭氧被破坏。从地面向上观测，高空的臭氧层已极其稀薄，与周围相比像是形成一个洞，南极臭氧洞因此而得名。

对南极臭氧洞成因的深入研究表明，人工生产的氯氟烃类和哈龙类物质是破坏臭氧层的主要原因，在南极地区特殊的大气物理条件下造成了臭氧洞的生成。

世界各国正积极行动，加快淘汰损耗臭氧层的物质。

[十、温室效应]

大气通过对辐射的选择吸收而防止地表热能耗散的作用，是大气对于地球保暖作用的俗称。

在晴空地区，大部分太阳短波辐射可以透过大气而被地表所吸收，使地面增温。由于地表温度低，地表辐射几乎全部在红外波段。大气中的水汽和二氧化碳等成分能吸收大部分地表红外辐射，使大气变暖。大气本身也放出红外辐射，其中一部分向上传播，经大气的吸收和再发射，逐步传向外空；另一部分向下传播而为地表所吸收。所以地表除向外辐射能量外，还接收到相当一部分大气向下传播的红外辐射，能量收支计算表明，这样大大地减少了地表的净向上辐射。如果不存在大气，地球处于辐射平衡状态时，其等效黑体温度可达 255K，而实际的地表平均温度比 255K 高出数十度。大气的这种使地表温度升高，使地球维持较高温度下的热平衡的作用，和玻璃温室有相似之处，所以称为温室效应。但大气的保暖作用并不完全和玻璃温室的作用相同，玻璃还有隔绝空气流动，阻止室内外对流热交换的作用，因而有人认为用大气效应这个名词更为合适。

工业排放温室气体

引起温室效应的主要因子有大气中的水汽、二氧化碳（CO_2）和云，其中最主要的是云。所以在多云和高湿的热带地区，温室效应较强，而在干燥的极地和沙漠地区，温室效应则较弱。大气中能产生温室效应的气体不仅有 CO_2 和水汽，还有一些微量气体，如甲烷（CH_4），氮氧化物（NO_x），氯氟碳化物（CFCs）等，人们将这些能产生温室效应的气体称为温室气体。由于人类活动而造成温室气体含量增加，导致的全球变暖现象已引起人们普遍关注。

[十一、全球变暖]

地球表面平均温度和地表平均气温的升高。全球变暖是就地球环境总体而言的，并不是说全球任何区域都会变暖或每个季节都会变暖。

在全球变暖过程中，有些地区的增温幅度可能大些，有些地区可能小些，有些地区可能不变甚至降温。增温还有季节特征，一般而言，冬季增温高，夏季增温低；增温也有区域特征，北方增温大，南方增温小。

全球变暖由两种辐射能的失衡造成，这种失衡是人类干扰的结果。到达大气的太阳辐射约为 1377 瓦 / 米 ^{2}，但由于地球表面只有很小一部分直接面向太阳，且总有 1/2 的时间（夜晚）背向太阳，因此到达大气外界每平方米面积的能量仅为 343 瓦。当辐射通过大气时，大约 6% 被大气分子散射返回空间，还有约 10% 由陆地和海洋表面反射到空间，剩下的 84% 保留下来用来加热地表。为平衡这些入射辐射，地球本身必须以热辐射的形式向太空发射同样的能量。地表发射的辐射量取决于它的温度。理论上，地表温度为 -6℃即可平衡上述辐射量，但实际上，整个地球表层（海表和陆表）平均温度为 15℃。这是因为大气的组成主要是氮气和氧气，它们既不吸收也不发射热辐射，而在大气中占很小比例的水汽、二氧化碳和其他一些微量气体却具有吸收地表发射的热辐射的能力，对这种热辐射起一部分遮挡作用，从而弥补上述 21℃温差。这个遮挡被称为自然温室效应，具有这种功能的气体被称作温室气体。

温室气体中最重要的是水汽，但它在大气中的含量不直接随人类活动而变化，直接受人类活动影响的主要温室气体是二氧化碳等。要了解未来的气候，除需要了解温室气体的起源、在大气中的含量及作用外，还需要了解过去的气候及其自

然振动，以便为通过气候的计算机模式预测将来的气候变化提供背景知识。

为预报未来气候的变暖，首先需要有关温室气体未来变化的估计，以得到全球平均温度的预报。假设对二氧化碳的排放不加任何强有力的控制，从现在到21世纪末，全球温度上升的最佳估计值是2.5℃，或大约每10年升高0.25℃的上升率。与冰期和冰期间温暖时段之间发生的5℃或6℃的全球平均温差相比，2.5℃大约相当于半个冰期的温度变化值。

大约到2030年，当大气中的二氧化碳含量达到工业化前的2倍时，温度增高的最佳估计值比现在增高1℃，比在稳定条件下二氧化碳加倍量所预期的2.5℃要小。这是由于受到海洋对温度上升的减慢作用的影响。但这意味着在照常排放的构想下，到2030年，很可能出现比工业化前时代升高2.5℃的状况。

预报的全球平均温度的变化率为每10年0.15～0.35℃，其最佳估计值是每10年0.25℃，这比从古代气候资料判断得出的过去几千年的变化率要大得多。生态系统适应气候变化的能力严格地决定于变化的速率，而对很多生态系统而言，每10年0.25℃是一个很快的变化速度。

除温度、降水及其他一些气候要素的预测之外，影响全球变暖最大的可能是气候极端事件——干旱、洪涝及风暴的频率、强度和发生地点的变化。

气候变暖对人类社会可能带来的影响可归纳为以下几点：

①由于人类活动，环境正以许多方式发生退化，而全球变暖将加速这些退化。对于因地下水的抽取以及维持陆地高度所需沉积物的减少而引起下沉的低洼国家而言，海平面升高将使情况变得更糟。随着某些地区洪涝的增加，由土地过度利用或森林滥伐造成的土壤流失将加剧。在其他地方，大范围的森林砍伐将引起更干旱的气候和难以维持的农业。

②全球变暖将引起许多地方温度和降水的变化，我们必须适应这些变化产生的影响。在许多情形下，这将涉及基础设施的变化，如新的海洋防御设施或水供给系统。气候变化的许多影响都将是不利的，即使在长时期内这些变化能转变成有利的影响，但在短期内的适应过程仍具有负面影响，且需要费用。

③最重要的是对水分供给的影响，在许多地方，无论如何水分供给也将变得愈来愈关键。估计全球相当一部分地区降水将减少，尤其在夏季。在这些地区，降水减少和人类对水的需求量增加的综合结果是径流减少，干旱的可能性将更大。在其他地区，如东南亚季风区，预计将发生更多的洪涝。

④通过对作物和农业措施的改良，即使气候发生变化，全球粮食供给总量也能保持不变。但发达国家和发展中国家之间粮食供给的不均衡将变得更大。

⑤气候变化的可能速率，将对自然生态系统，尤其是在中、高纬度地区的生态系统，产生严重影响，特别是森林受到的影响会更大。在一个变暖的地球上，时间越长，人类的健康越容易受到影响，如某些热带疾病（如疟疾）可向更高的纬度传播。

以上各类影响在全球各地会很不一致。

全球变暖是一个复杂的问题，对未来气候变化的预测、对可能产生的影响的科学描述，以及人类应采取的对策都存在着不确定性。人类在行动前尚需权衡行动所需付出的代价与不确定性之间的利弊。